环境工程
专业基础实验
（新形态版）

高树梅 赵国华 王玉洁 吴家强 主编

化学工业出版社

·北京·

内 容 简 介

本教材包括环境监测实验、环境工程微生物学实验和环境化学实验三门课程的内容，涵盖了环境科学与工程专业大部分基础实验项目。本教材将三门专业基础课程实验内容进行了整合编排，使实验项目设置更加科学合理，验证性实验和综合性、设计性实验相辅相成，便于有梯度地选择开设相关实验。同时，将水、大气、土壤、噪声环境等评价方法作为附录呈现，便于学生对测定的环境质量数据进行分析评价，培养综合分析问题和解决问题的能力。

本教材配套提供了 38 个实验视频资源，扫码即可观看，将实验项目可视化，符合"互联网＋"时代的要求，使实验课程教学手段更加灵活多样。

本教材可作为高等学校环境科学与工程、市政工程等相关专业的实验教材，亦可作为环境保护工作者的技术参考书。

图书在版编目（CIP）数据

环境工程专业基础实验：新形态版/高树梅等主编
. —北京：化学工业出版社，2023.5（2024.8重印）
ISBN 978-7-122-43061-8

Ⅰ.①环… Ⅱ.①高… Ⅲ.①环境工程-实验-高等
学校-教材　Ⅳ.①X5-33

中国国家版本馆 CIP 数据核字（2023）第 041876 号

责任编辑：卢萌萌　陆雄鹰　　　　　　　　文字编辑：任雅航　陈小滔
责任校对：李　爽　　　　　　　　　　　　装帧设计：史利平

出版发行：化学工业出版社（北京市东城区青年湖南街 13 号　邮政编码 100011）
印　　装：北京天宇星印刷厂
787mm×1092mm　1/16　印张 9¾　字数 215 千字　2024 年 8 月北京第 1 版第 2 次印刷

购书咨询：010-64518888　　　　　　　　售后服务：010-64518899
网　　址：http://www.cip.com.cn
凡购买本书，如有缺损质量问题，本社销售中心负责调换。

定　　价：39.80 元

随着国家对生态环境保护和污染防治要求的不断提高，培养理论基础扎实、动手能力强、具备一定创新能力的高素质环境工程专业人才，符合社会需求和地方高校的培养目标。实验教学是应用型人才培养的重要环节，是培养学生实践能力和创新能力的重要途径之一。在实验教学过程中，要以学生为中心，以提高学生实践创新能力为核心，以丰富的实验内容及实验设计为抓手，将 OBE 理念落实到实验课堂，融入教学，从而提高人才培养质量。这就要求高校不断优化实验教学体系，更新、丰富实验内容和教学方法，优选实验教材。

《环境工程专业基础实验（新形态版）》包括环境监测实验、环境工程微生物学实验和环境化学实验三门课程的实验。本书在原单独课程实验教材基础上，整合了实验内容，统编成一本综合性教材，避免了实验项目和内容的重复。在项目设计上，设置了较多的综合性或设计性实验，旨在训练提升学生的应用能力和专业素质。此外，本教材在编写过程中，还邀请了浙江省嘉兴生态环境监测中心多位工程师参与编写，为大气、水、土壤、噪声等方面的环境监测和评价提供了依据，便于学生运用实验和实测数据对环境质量进行综合分析和评价。

第一章"环境监测实验"主要分为水环境监测、大气环境监测和土壤环境监测，共设置 14 个实验项目。第二章"环境工程微生物学实验"主要分为微生物学基础实验和环境微生物监测实验，共设置 10 个实验项目。第三章"环境化学实验"共设置 8 个实验项目，主要是综合性和设计性实验。实验项目设置充分考虑了课程体系的完整性，既能涵盖各课程必备的基本知识点，又尽量避免内容重复和冗长。教师在使用本教材过程中，可以根据专业实际和实验条件，进行科学选择和合理安排。

"环境监测实验"由吴家强主编，其中实验八由韩瑞瑞编写，曹卫星负责视频录制。"环境工程微生物学实验"由王玉洁主编。"环境化学实验"由高树梅主编，其中实验二由赵国华编写，实验三由柳红霞编写，实验五、实验六由刘娟编写，实验准备工作由郑兰兰审核。附录一由柳洪方和赵欢欢共同编写，附录二由苏营营编写，附录三由李莉（大气）编写，附录四由浦国佳和吴家强编写，附录五由李莉（土壤）编写，附录六、七、八由王玉洁编写，附录九由高树梅编写。全书由胡文凌、沈伟、谭东栋和吴燕审核，张正红校稿，高树梅和赵国华完成统稿和定稿。

本教材中的大部分实验项目已经完成视频录制（视频内容仅供参考，具体操作请结合书中内容及教师相关介绍），经过两轮使用，取得了良好的教学效果。该视频作为公共资源开放共享，可满足当前教育信息化的需要，将数字化教学资源和传统纸质教材相结合，灵活运用多种教学方式，协同助力实验课程的"教"与"学"，期望能够获得事半功倍的效果。

本教材编写过程中，得到了翟志才教授的热心关注，得到了浙江双益环保科技发展有限公司和浙江嘉兴环发环境科学技术有限公司的鼎力相助，也得到了嘉兴市产教融合"五个一批"项目（"新工科"背景下"文武双全"环境工程人才培养）和嘉兴学院产教融合示范基地项目（"企业联盟式"校企产教融合协同实践育人教育基地）的支持，化学工业出版社也给予了大力帮助，一些实验内容参考了国内相关高等院校编写的实验教材，在此一并表示衷心感谢。最后，本教材中涉及多门实验课程、多种实验技术和分析方法，由于编者水平有限，书中的不足和疏漏之处在所难免，敬请广大读者批评指正。

编者

2022 年 6 月

目录

第一章

环境监测实验

第一节　水环境监测

实验一　水中悬浮物和浊度的测定

一、实验目的和要求

1.借助悬浮物和浊度的测定，认识水中非溶解性固体对水质的影响，并分析悬浮物和浊度之间的关系。

2.通过实验操作，并结合理论知识，启发学生对水体中悬浮物去除方法的思考。

二、悬浮物的测定——总量法

1.实验原理和方法

水体中的悬浮物亦称非可滤性残渣，是指悬浮的泥沙、硅土、有机物和微生物等难溶于水的胶体或固体微粒，即指水样通过孔径为 $0.45\mu m$ 的滤膜，截留在滤膜上并于 $103\sim105℃$ 烘干至恒重的固体物质。按分析要求，对通过水样前后的滤膜进行称量，算出一定量水样中颗粒物的质量，从而求出悬浮物的含量。

2.实验仪器与试剂

（1）仪器

① 全玻璃微孔滤膜过滤器或玻璃漏斗。

② CN-CA 滤膜（孔径 $0.45\mu m$，直径 60mm）。

③ 吸滤瓶、真空泵。

④ 电子天平。

⑤ 干燥器和无齿扁嘴镊子。

⑥ 烘箱。

⑦ 称量瓶。

（2）试剂

蒸馏水或同等纯度的水。

3. 实验步骤

（1）采样

按采样要求采取具有代表性的水样 500～1000mL（注意不能加入任何保护剂，以防破坏物质在固液间的分配平衡，漂浮和浸没的不均匀固体物质不属于悬浮物质，应该从水样中除去）。

（2）滤膜准备

将微孔滤膜放于事先恒重的称量瓶里，移入烘箱中于 103～105℃烘干 0.5h 后取出置于干燥器内冷却至室温，称其质量。反复烘干、冷却、称量，直至两次称量的质量差 ≤0.20mg。

（3）测定

量取充分混合均匀的试样 100mL，将该试样全部通过上面烘至恒重的滤膜过滤，再用蒸馏水洗涤滤渣 3～5 次之后，仔细取出载有悬浮物的滤膜放在原恒重的称量瓶里，移入烘箱中于 103～105℃烘干 1h 后移入干燥器中，使其冷却到室温，称其质量。反复烘干、冷却、称量，直到两次称量的质量差≤0.40mg 为止。

4. 数据处理

悬浮物浓度按式（1-1）计算：

$$\rho = \frac{m_A - m_B}{V} \times 10^6 \tag{1-1}$$

式中 m_A——悬浮物与滤膜及称重瓶的质量，g；

m_B——滤膜及称重瓶的质量，g；

V——水样体积，mL；

ρ——悬浮物浓度，mg/L。

5. 注意事项

① 树叶、木棒、水草等杂物应先从水样中除去。

② 当废水黏度高时，可加蒸馏水稀释一定倍数，振荡均匀，待沉淀物沉降后再过滤。

③ 当废水中悬浮物浓度高，造成过滤困难，可酌情少取水样。

④ 滤膜上悬浮物过少，则会增大称量误差，影响测定精度，必要时，可增大试样体积。一般以 5～100mg 悬浮物量作为量取试样体积的适用范围。

三、浊度的测定——浊度计法

1. 实验原理和方法

利用一束稳定光源光线通过盛有待测样品的样品池，传感器在与发射光线垂直的位置上测量散射光强度。光束射入样品时产生的散射光强度与样品的浊度在一定浓度范围内成比例关系。

2. 实验仪器与试剂

（1）仪器

浊度计、容量瓶（100mL）、烧杯等实验室常用玻璃器皿。

（2）试剂

① 蒸馏水，其浊度应低于方法检出限，否则须经孔径≤0.45μm 的滤膜过滤后使用。

② 浊度标准贮备液：4000NTU。

称取 5.0g（准确至 0.01g）六亚甲基四胺和 0.5g（准确至 0.01g）硫酸肼，分别溶解于 40mL 蒸馏水中，合并转移至 100mL 容量瓶中，用蒸馏水稀释定容至标线。在 25℃±3℃下水平放置 24h，制备成浊度为 4000NTU 的浊度标准贮备液，在室温条件下避光可保存 6 个月。也可购买市售有证标准样品。

③ 浊度标准液：400NTU。

将浊度标准贮备液摇匀后，移取 10.00mL 至 100mL 容量瓶中，用蒸馏水稀释定容至标线，摇匀，制备成浊度为 400NTU 的浊度标准使用液，在 4℃以下冷藏避光保存 1 个月。

3. 实验步骤

（1）仪器自检

按照仪器说明书打开仪器预热，之后进行自检，之后进入测量状态。

（2）校准

将蒸馏水倒入样品池内，对仪器进行零点校准。按照仪器说明书将浊度标准液稀释成不同浓度点，分别润洗样品池数次后，缓慢倒至样品池刻度线。按仪器提示或仪器使用说明书的要求进行标准系列校准。

（3）样品测定

将样品摇匀，待可见的气泡消失后，用少量样品润洗样品池数次。将完全均匀的样品缓慢倒入样品池内，至样品池的刻度线即可。持握样品池位置尽量在刻度线以上，用柔软的无尘布擦去样品池外的水和指纹。将样品池放入仪器读数时，应将样品池上的标识对准仪器规定的位置。按下仪器测量键，待读数稳定后记录。超过仪器量程范围的样品，可用蒸馏水稀释后测量。

（4）空白测定

按照与样品测定相同的测量条件进行蒸馏水的测定。

4. 数据处理

浊度的计算公式如式（1-2）所示。

$$\text{浊度} = \frac{A(V_B + V_C)}{V_C} \tag{1-2}$$

式中 A——稀释后水样的浊度，NTU；

V_B——稀释水体积，mL；

V_C——原水样体积，mL。

5. 注意事项

① 经冷藏保存的样品应放置至室温后测量，测量时应充分摇匀，并尽快将样品倒入样品池内，倒入时应沿着样品池缓慢倒入，避免产生气泡。

② 仪器样品池的洁净度及是否有划痕会影响浊度的测量。应定期进行检查和清洁，有细微划痕的样品池可通过涂抹硅油薄膜并用柔软的无尘布擦拭来去除。

四、思考题

1. 悬浮物的质量浓度与浊度有何关系？
2. 抽滤操作中有哪些注意事项？

 实验二　水中氟化物的测定

一、实验目的和要求

1. 通过本实验，能够描述电位法测定的原理，能够按照基本操作方法和步骤完成实验操作。
2. 能够根据电位法的基本原理，将该方法灵活运用于其他物质的检测。

二、实验原理和方法

氟离子选择性电极的传感膜为氟化镧单晶片，与含氟的试液接触时，电池的电动势（E）随溶液中氟离子活度的变化而改变（遵守能斯特方程）。当溶液的总离子强度为定值时，电动势与氟离子浓度成式（1-3）关系：

$$E = E^{\ominus} - \frac{2.303RT}{F} \lg C_{F^-}$$ (1-3)

E 与 $\lg C_{F^-}$ 成直线关系，$2.303RT/F$ 为该直线的斜率，亦为电极的斜率，即电池的电动势与试液中氟离子活度的对数呈线性关系。本方法的检测限范围为 $0.05 \sim 1900 \text{mg/L}$。水样的颜色、浊度不影响测定。

三、实验仪器与试剂

1. 仪器

（1）氟离子选择电极。

（2）饱和甘汞电极或氯化银电极。

（3）离子活度计、毫伏计或 pH 计：精确到 0.1mV。

（4）磁力搅拌器：聚乙烯或聚四氟乙烯包裹的搅拌子。

（5）聚乙烯杯：100mL，150mL。

2. 试剂

（1）氟化物标准贮备液：称取 0.2210g 基准氟化钠（NaF）（预先于 105～110℃ 干燥 2h 或者于 500～650℃ 干燥约 40min，干燥器内冷却），用水溶解后转入 1000mL 容量瓶中稀释至标线，摇匀，贮存在聚乙烯瓶中。此溶液氟离子浓度为 100.00μg/mL。

（2）氟化物标准溶液：移取 10.00mL 氟化钠标准贮备液于 100mL 容量瓶中，稀释至标线，摇匀。此溶液氟离子浓度为 10.00μg/mL。

（3）乙酸钠溶液：称取 15.00g 乙酸钠溶于水并稀释至 100mL。

（4）总离子强度调节缓冲溶液（TISAB）：量取约 500mL 水置于 1000mL 烧杯内，加入 57mL 冰乙酸、58.00g 氯化钠、4.00g 1,1-环己二胺四乙酸（简称 CyDTA）或者 1,2-环己二胺四乙酸，搅拌溶解，置烧杯于冷水浴中，慢慢地在不断搅拌下加入 6mol/L 氢氧化钠溶液（约 125mL）使 pH 值达到 5.0～5.5 之间，转入 1000mL 容量瓶中，稀释至标线，摇匀。

（5）盐酸溶液：2mol/L 盐酸溶液。

所用水为去离子水或无氟蒸馏水。

四、实验步骤

1. 水样的采集和保存

应使用聚乙烯瓶采集和贮存水样，如果水样中氟化物含量不高，pH 值在 7 以上，也可以用硬质玻璃瓶贮存。

2. 仪器的准备

按测量仪器及电极的使用说明书进行。在测定前应使试液达到室温，并使试液和标准溶液的温度相同（温差不得超过 ±1℃）。

3. 测定

吸取适量试液置于 50mL 容量瓶中，用乙酸钠或盐酸溶液调节至近中性，加入 10mL 总离子强度调节缓冲溶液，用水稀释至标线，摇匀。将其移入 100mL 聚乙烯杯中，放入一只磁子，插入电极，连续搅拌溶液待电位稳定后，在继续搅拌下读取电位值（E）。在每一次测量之前，都要用水充分洗涤电极，并用滤纸吸去水分。根据测得的电位值（mV），由校准曲线上查得氟化物的含量。

4. 空白试验

用水代替试液，按测定样品的条件和步骤进行测定。

5. 标准曲线的绘制

分别取 0.00mL、1.00mL、3.00mL、5.00mL、10.00mL 和 20.00mL 氟化物标准溶液置于 50mL 容量瓶中，加入 10.00mL 总离子强度调节缓冲溶液，用水稀释至标线，摇匀。分别移入 100mL 聚乙烯杯中，各放入一只磁子，以浓度由低到高为顺序，分别依次插入电极，连续搅拌溶液，待电位稳定后，在继续搅拌下读取电位值（E），记录数据。在每一次测量之前，都要用水将电极冲洗净，并用滤纸吸取水分。以氟浓度（mg/L）的对数为横坐标，其对应的电位值（mV）为纵坐标建立标准曲线。

五、数据处理

水中氟离子的浓度计算公式如式（1-4）所示：

$$C_{F^-} = \frac{CV_2}{V_1} \tag{1-4}$$

式中　C_{F^-}——废水中 F^- 的浓度，mg/L；

　　　C——水样中 F^- 的测定浓度，mg/L；

　　　V_1——所取废水水样体积，mL；

　　　V_2——所测水样体积，mL。

根据测定结果，分析水样中氟的污染情况，评价氟污染水体对人体健康的影响。

六、注意事项

1. 在碱性溶液中氢氧根离子的浓度大于氟离子浓度的 1/10 时干扰测定。某些高价阳离子（如 Fe^{3+}、Al^{3+}、Si^{4+}）能与氟离子络合而干扰测定。一般常见的阴、阳离子不干扰测定。

2. 氟电极对氟硼酸根离子不响应，如果水样含有氟硼酸盐要预先进行蒸馏。

3. 对污染严重的生活污水和工业废水，应进行预蒸馏。

4. 不得用手指触摸电极的膜表面，为了保护电极，试样中氟离子的测定浓度最好不要大于 40mg/L。

七、思考题

1. 溶液的温度和离子强度对离子选择电极法测定水中氟有什么影响？

2. 柠檬酸盐在测定溶液中起到哪些作用？

 实验三　水中氨氮的测定

一、实验目的和要求

1. 能够阐述纳氏试剂分光光度法测定氨氮的原理，并灵活运用该方法测定水中的氨氮。

2. 通过本实验，能够初步识别水中氮元素的存在形态，并能选择合适的预处理及分析方法。

水中氨
氮的测定

二、实验原理和方法

氨氮是指水中以游离氨和 NH_4^+ 形式存在的氮，可以通过纳氏试剂分光光度法测定，其原理是以游离态的氨或铵离子等形式存在的氨氮与纳氏试剂反应生成淡红棕色络合物，该络合物的吸光度与氨氮含量成正比，于波长 420nm 处测量吸光度，用标准曲线法定量。本法最低检出浓度为 0.025mg/L，测定上限为 2mg/L。水样做适当的预处理后，本法可适用于地表水、地下水、工业废水和生活污水中氨氮的测定。

三、实验仪器与试剂

1. 仪器

（1）氨氮蒸馏装置：500mL 凯氏烧瓶、氮球、直形冷凝管、导管。

（2）可见光分光光度计。

（3）pH 计。

（4）50mL 比色管。

（5）1mL、5mL 和 10mL 吸管。

2. 试剂

（1）无氨水：每升蒸馏水中加 0.1mL 硫酸，在全玻璃蒸馏器中重蒸馏，弃去 50mL 初馏液，接取其余馏出液于具塞磨口的玻璃瓶中，密塞保存。

（2）1mol/L HCl。

（3）1mol/L NaOH。

（4）轻质 MgO：将 MgO 在 500℃下加热，以除去碳酸盐。

（5）0.05% 溴百里酚蓝指示剂，pH 值为 6.0～7.6。

（6）硼酸吸收液：称取 20g 硼酸溶于无氨水，稀释至 1000mL。

（7）硫酸锌溶液：100g/L。称取 10g $ZnSO_4 \cdot 7H_2O$ 溶于无氨水，稀释至 100mL。

（8）25% NaOH 溶液：称取 25g NaOH 溶于无氨水，稀释至 100mL，贮于聚乙烯瓶中。

（9）纳氏试剂：可选择下列方法之一制备。

① 称取碘化钾 20g，溶于 100mL 无氨水中，边搅拌边分次少量加入氯化汞（$HgCl_2$）粉末约 10g，直至出现朱红色沉淀不易溶解时，改为滴加氯化汞饱和溶液，充分搅拌混合，当出现微量朱红色沉淀不再溶解时，停止滴加。

另称取 60g 氢氧化钾溶于水，并稀释到 250mL，冷却到室温后，将上述溶液徐徐注入氢氧化钾溶液中，以无氨水稀释至 400mL，混匀。于暗处静置 24h，将上清液移入聚乙烯瓶中，密塞保存。此试剂至少可稳定一个月。

② 称取 16g 氢氧化钠，溶于 50mL 无氨水中，冷却至室温。

另称取 7g 碘化钾（KI）和 10g 碘化汞（HgI_2）分别用少量无氨水溶解，再混合，然后将此混合液在搅拌下徐徐注入氢氧化钠溶液中，用无氨水稀释至 100mL，贮于聚乙烯瓶中，密塞于暗处保存，有效期可达一年。

（10）酒石酸钾钠溶液：称取 50g 酒石酸钾钠（$KNaC_4H_4O_6 \cdot 4H_2O$）溶于无氨水中，定容至 100mL。

（11）铵标准贮备液：称取 3.8190g 经 100℃ 烘干过的优级纯氯化铵（NH_4Cl）溶于无氨水中，定容至 1000mL 容量瓶中。此溶液 NH_3-N 浓度为 1.00mg/mL。

（12）铵标准使用液：移取 5.00mL 铵标准贮备液于 500mL 容量瓶中，用无氨水稀释至标线。此溶液 NH_3-N 浓度为 0.01mg/mL。

四、实验步骤

1. 水样预处理

根据水样性质，选择以下预处理方法中的一种。

（1）絮凝沉淀：取 100mL 样品，加入 1.00mL 硫酸锌溶液和 0.1~0.2mL 氢氧化钠溶液，调节 pH 值约为 10.5，混匀，放置使之沉淀，倾取上清液分析。必要时，用经水冲洗过的中速滤纸过滤，弃去初滤液 20mL。也可对絮凝后样品离心处理。

（2）预蒸馏：取 250mL 水样（如氨氮含量较高，可取适量并加水至 250mL，使氨氮含量不超过 2.5mg），移入凯氏烧瓶中，加数滴溴百里酚蓝指示剂，用氢氧化钠溶液和盐酸溶液调节至 pH=7 左右。加入 0.25g 轻质氧化镁和数粒玻璃珠，立即连接氮球和冷凝管，导管下端插入吸收液（50mL 硼酸溶液）液面下。加热蒸馏，至馏出液达 200mL 时，停止蒸馏，定容至 250mL。

对于清洁水样，可直接测定。

2. 标准曲线的绘制

在 8 个 50mL 比色管中，分别加入 0.00mL、0.50mL、1.00mL、2.00mL、4.00mL、6.00mL、8.00mL 和 10.00mL 铵标准使用液，其所对应的氨氮含量分别为 $0.0\mu g$、$5.0\mu g$、$10.0\mu g$、$20.0\mu g$、$40.0\mu g$、$60.0\mu g$、$80.0\mu g$ 和 $100\mu g$，加水至标线。加入 1.0mL 酒石酸钾钠溶液，摇匀，再加入纳氏试剂 1.5mL，摇匀。放置 10min 后，在波长 420nm 下，用 20mm 比色皿，以水作参比，测量吸光度。以空白校正后的吸光度为纵坐标，以其对应的氨氮含量（μg）为横坐标，绘制校准曲线。

3. 水样的测定

取经预处理的水样 50mL（若水样中氨氮质量浓度超过 2mg/L，可适当少取水样体积），按与校准曲线相同的步骤测量吸光度，根据吸光度和校准曲线，计算出水样中氨氮的质量 $m(\mu g)$。

4. 空白试验

用蒸馏水代替水样，按与样品相同的步骤进行前处理和测定。

五、数据处理

水中氨氮的质量浓度按式（1-5）计算：

$$\rho_N = \frac{m}{V} \tag{1-5}$$

式中 ρ_N——水样中氨氮的质量浓度（以 N 计），mg/L；

m——测量水样中氨氮的质量，μg；

V——水样的体积，mL。

六、注意事项

1.纳氏试剂中碘化汞与碘化钾的比例对显色反应的灵敏度有较大影响。静置后生成的沉淀应除去。

2.滤纸中常含痕量铵盐，使用时注意用无氨水洗涤。所用玻璃器皿应避免实验室空气中氨的玷污。

七、思考题

1.当水样有颜色时，可采用哪种方法处理？

2.哪些因素会影响测量的准确性？

实验四　水中总磷的测定

一、实验目的和要求

1.能够采取适当预处理方法，将水样中不同形态的磷转化为正磷酸盐。

2.能够描述钼酸铵分光光度法测定磷的原理，熟悉测定方法和流程，同时能够分析水中磷的浓度，判断水体质量状况。

二、实验原理和方法

磷是生物生长必需元素之一，但水体中磷含量过高，会导致富营养化，使水质恶化。在天然水和废水中，磷主要以各种正磷酸盐、缩聚磷酸盐和有机磷化合物（如磷脂等）形式存在。水中总磷包括溶解的、颗粒的、有机的和无机的磷，因此，水中总磷的测定通常需将未经过滤的水样消解，将各种形态的磷全部氧化为正磷酸盐，然后再用离子色谱法或钼酸铵分光光度法测定。

本实验采用钼酸铵分光光度法，其测定原理是：在中性条件下，用过硫酸钾（或硝酸-高氯酸）使水样消解，将所含磷全部氧化为正磷酸盐；在酸性介质中，正磷酸盐与钼酸铵反应，在锑盐存在条件下生成磷钼杂多酸后，立即被抗坏血酸还原，生成蓝色络合物（磷钼蓝），于 700nm 波长处测量吸光度，用标准曲线法定量。

三、实验仪器与试剂

1. 仪器

（1）分光光度计：具 30mm 比色皿。

（2）具塞磨口刻度管：50mL。

（3）高压蒸汽灭菌器：压力不低于 $1.1kg/cm^2$。

（4）一般实验室常用仪器和设备。

2. 试剂

（1）过硫酸钾溶液：50g/L。称取 5g 过硫酸钾溶于水并稀释至 100mL。

（2）抗坏血酸溶液：100g/L。称取 10g 抗坏血酸溶于水并稀释至 100mL。

（3）硫酸溶液：1+1（硫酸和水按 1:1 的体积比混合）。

（4）钼酸盐溶液：溶解 13g 钼酸铵 $[(NH_4)_6Mo_7O_{24} \cdot 4H_2O]$ 于 100mL 水中。溶解 0.35g 酒石酸锑钾 $(C_4H_4KO_7Sb \cdot 1/2H_2O)$ 于 100mL 水中。在不断搅拌下把钼酸铵溶液徐徐加入 300mL（1+1）硫酸溶液中，加酒石酸锑钾溶液并混合均匀。

（5）磷标准贮备液：50.0mg/L。称取 (0.2197 ± 0.0001)g 经 110℃ 干燥 2h、在干燥器中放冷的磷酸二氢钾（KH_2PO_4），溶于适量水中，移至 1000mL 容量瓶中，加入约 800mL 水、5mL（1+1）硫酸溶液，用水稀释至标线并混匀。

（6）磷标准使用液：2mg/L。将 10mL 的磷标准贮备液转移至 250mL 容量瓶中，用去离子水稀释至标线并混匀。1.00mL 此标准溶液含 2.0μg 磷。

四、实验步骤

1. 配制标准使用液

吸取 10.00mL 磷标准贮备液至 250mL 容量瓶中，用水稀释至标线并混匀，所得的溶液 $\rho(P)$＝2mg/L，现用现配。

2. 标准曲线绘制

（1）消解：分别量取 0mL、0.50mL、1.00mL、3.00mL、5.00mL、10.00mL 和 15.00mL 磷标准使用液于 50mL 具塞磨口刻度管中加水稀释至 25mL，其对应的总磷（以 P 计）分别为 0μg、1.00μg、2.00μg、6.00μg、10.00μg、20.00μg 和 30.00μg。加入 4mL 过硫酸钾溶液，塞紧管塞，用纱布和线绳扎紧，放在大烧杯中置于高压蒸汽灭菌器中，加热至顶压阀吹气，关阀，继续加热至 120℃ 开始计时，保温 30min 后停止加热，待压力表读数降零后取出，放冷，用水稀释至 50mL 标线。

（2）显色：分别向各管中加入 1.00mL 抗坏血酸溶液混匀，30s 后再加入 2.00mL 钼酸盐溶液，充分混匀，室温下放置 15min。

（3）测定：以水作参比，用 30mm 比色皿，在 700nm 波长处测定吸光度，以总磷（以 P 计）含量（μg）为横坐标，以除空白试验吸光度后的吸光度为纵坐标，绘制标准曲线。

3. 样品测定

取 25.00mL 充分混匀的水样于具塞磨口刻度管中，按标准曲线同样步骤消解、显色、测定，同时做空白试验，测得样品的吸光度 A 和空白试样的吸光度 A_0。扣除空白试样的吸光度后，从标准曲线上查得磷的含量。若水样含磷量浓度较高，水样体积应减少并加水稀释至 25.00mL。

五、数据处理

总磷含量以 $\rho(P)$（mg/L）表示，按式（1-6）计算：

$$\rho(P) = \frac{m}{V} \tag{1-6}$$

式中　m——水样测定含磷量，μg；

　　　V——测定用水样体积，mL。

六、注意事项

1. 含磷量较少的水样不要用塑料瓶采样，因磷酸盐易吸附在塑料瓶壁上。

2. 如水样加硫酸保存，当用过硫酸钾消解时，需先将水样调至中性。

3. 砷大于 2mg/L 干扰测定，用硫代硫酸钠去除；硫化物大于 2mg/L 干扰测定，通氮气去除；铬大于 50mg/L 干扰测定，用亚硫酸钠去除。

七、思考题

1. 水样中磷含量较低时，试样该怎样保存、预处理？

2. 如何测定水样中溶解性总磷含量？

 实验五　水中五日生化需氧量的测定

一、实验目的和要求

1. 能够描述五日生化需氧量（BOD_5）的测定原理，熟练掌握操作方法和流程。

2. 能够熟练运用接种稀释法测定五日生化需氧量，能够合理规范地进行数据处理，并判断数据的有效性。

水中五日生化
需氧量的测定

二、实验原理和方法

生化需氧量是指在规定条件下，微生物分解水中某些可氧化的物质，特别是分解有机物的生物化学过程消耗的溶解氧。通常情况下是指水样充满完全密闭的溶解氧瓶中，在

（20±1)℃的暗处培养 5d±4h 或（2+5)d±4h［先在 0～4℃的暗处培养 2d，接着在（20±1)℃的暗处培养 5d，即培养（2+5)d］，分别测定培养前后水样中溶解氧的质量浓度，由培养前后溶解氧的质量浓度之差，计算每升样品消耗的溶解氧量，以 BOD_5 表示。若样品中的有机物含量较多，BOD_5 的质量浓度大于 6mg/L，样品需适当稀释后测定；对不含或含微生物少的工业废水，如酸性废水、碱性废水、高温废水、冷冻保存的废水或经过氯化处理等的废水，在测定 BOD_5 时应进行接种，以引进能分解废水中有机物的微生物。当废水中存在难以被一般生活污水中的微生物以正常速度降解的有机物或含有剧毒物质时，应将驯化后的微生物引入水样中进行接种。

三、实验仪器与试剂

1.仪器

（1）恒温培养箱。

（2）溶解氧瓶：250～300mL，带有磨口玻璃塞，并具有水封功能。

（3）稀释容器：1000mL、2000mL 量筒。

（4）冰箱：有冷藏和冷冻功能。

（5）虹吸管：供分取水样和添加稀释水用。

（6）滤膜：孔径 1.6μm。

2.试剂

除了另有说明外，所用试剂均为分析纯试剂。

（1）磷酸盐缓冲溶液：将 8.5g 磷酸二氢钾（KH_2PO_4）、21.8g 磷酸氢二钾（K_2HPO_4）、33.4g 七水合磷酸氢二钠（$Na_2HPO_4 \cdot 7H_2O$）和 1.7g 氯化铵（NH_4Cl）溶于水中，稀释至 1000mL。此溶液的 pH 值应为 7.2。

（2）硫酸镁溶液：将 22.5g 硫酸镁（$MgSO_4 \cdot 7H_2O$）溶于水中，稀释至 1000mL。

（3）氯化钙溶液：将 27.6g 无水氯化钙溶于水，稀释至 1000mL。

（4）氯化铁溶液：将 0.25g 六水合氯化铁（$FeCl_3 \cdot 6H_2O$）溶于水，稀释至 1000mL。

（5）盐酸溶液（0.5mol/L）：将 40mL（$\rho=1.18g/mL$）盐酸溶于水，稀释至 1000mL。

（6）氢氧化钠溶液（0.5mol/L）：将 20g 氢氧化钠溶于水，稀释至 1000mL。

（7）亚硫酸钠溶液［$c(1/2Na_2SO_3)=0.025mol/L$］：将 1.575g 亚硫酸钠溶于水，稀释至 1000mL。此溶液不稳定，需当天配制。

（8）葡萄糖-谷氨酸标准溶液：将葡萄糖（$C_6H_{12}O_6$）和谷氨酸（HOOC—CH_2—CH_2—$CHNH_2$—COOH）在 130℃干燥 1h 后，各称取 150mg 溶于水中，移入 1000mL 容量瓶内并稀释至标线，混合均匀。其 BOD_5 为（210±20)mg/L。此标准溶液临用前配制。

（9）稀释水：在 5～20L 玻璃瓶内装入一定量的水，控制水温在 20℃左右。然后用无油空气压缩机或薄膜泵，将此水曝气 1h 以上，使水中的溶解氧接近于饱和，也可以鼓入适量纯氧。瓶口盖以两层经洗涤晾干的纱布，置于 20℃培养箱中放置数小时，使水中溶解氧含量达 8mg/L 左右。临用前于每升水中加入氯化钙溶液、氯化铁溶液、硫酸镁溶液、磷酸盐缓冲溶液各 1.00mL，并混合均匀。稀释水的 pH 值应为 7.2，其 BOD_5 应小于 0.2mg/L。

（10）接种液：可选用以下任一方法获得适用的接种液。

① 生活污水：一般将生活污水（COD 不大于 300mg/L，TOC 不大于 100mg/L）在室温下放置一昼夜，取上层清液供用。

② 表层土壤浸出液：取 100g 花园土壤或植物生长土壤，加入 1L 水，混合并静置 10min，取上清溶液供用。

③ 用含城市污水的河水或湖水。

④ 污水处理厂的出水。

⑤ 当分析含有难于降解物质的废水时，在排污口下游 3～8km 处取水样作为废水的驯化接种液。如无此种水源，可取中和或经适当稀释后的废水进行连续曝气，每天加入少量该种废水，同时加入适量表层土壤或生活污水，使能适应该种废水的微生物大量繁殖。当水中出现大量絮状物，或检查其化学需氧量的降低值出现突变时，表明适用的微生物已进行繁殖，可用作接种液。一般驯化过程需要 3～8d。

（11）接种稀释水：取适量接种液，加于稀释水中，混匀。每升稀释水中接种液加入量为：生活污水 1～10mL；表层土壤浸出液 20～30mL；河水、湖水 10～100mL。接种稀释水的 pH 值应为 7.2，BOD_5 值小于 1.5mg/L。接种稀释水配制后应立即使用。

四、实验步骤

1. 水样的预处理

（1）水样的 pH 值若超出 6.0～8.0 范围时，可用盐酸或氢氧化钠稀溶液调节至近于 7，但用量不要超过水样体积的 0.5%。若水样的酸度或碱度很高，可改用高浓度的碱或酸液进行中和。

（2）水样中含有铜、铅、锌、镉、铬、砷、氰等有毒物质时，可使用经驯化的微生物接种液的稀释水进行稀释，或提高稀释倍数，降低毒物的浓度。

（3）含有少量游离氯的水样，一般放置 1～2h，游离氯即可消失。对于游离氯在短时间不能消散的水样，可加入亚硫酸钠溶液以除去。其加入量的计算方法是：取中和好的水样 100mL，加入（1+1）乙酸 10mL，10g/100mL 碘化钾溶液 1mL，混匀。以淀粉溶液为指示剂，用亚硫酸钠标准溶液滴定游离碘。根据亚硫酸钠标准溶液消耗的体积及其浓度，计算水样中所需加亚硫酸钠溶液的量。

（4）从水温较低的水域或富营养化的湖泊采集的水样，可能含有过饱和溶解氧，此时应将水样迅速升温至 20℃左右，充分振摇，以赶出过饱和的溶解氧。从水温较高的水域或废水排放口取得的水样，则应迅速使其冷却至 20℃左右，并充分振摇，使其与空气中氧分压接近平衡。

（5）水样中含有大量藻类时，BOD_5 测定结果会偏高，因此采用孔径为 1.6μm 的滤膜过滤。

2. 水样的测定

（1）不经稀释水样的测定

溶解氧含量较高、有机物含量较少的地面水，可不经稀释，而直接以虹吸法将约 20℃的混匀水样转移至两个溶解氧瓶内，转移过程中应注意不使其产生气泡。以同样的操作使两个溶解氧瓶充满水样后溢出少许，加塞水封，瓶不应有气泡。立即测定其中一瓶溶解氧，将另一瓶放入培养箱中，在（20±1)℃培养5d后，测其溶解氧浓度。

（2）需经稀释水样的测定

若水样中的有机物较多，BOD$_5$大于6mg/L时应稀释。水样中有足够的微生物，采用稀释法测定，无足够微生物，采用稀释接种法。

根据实践经验，稀释倍数用下述方法计算：地表水的稀释倍数由测得的高锰酸盐指数乘以适当的系数求得（表1-1）。

表1-1　水样稀释倍数计算中的高锰酸盐指数及系数

高锰酸盐指数/(mg/L)	系数
<5	—
5～10	0.2、0.3
10～20	0.4、0.6
>20	0.5、0.7、1.0

工业废水的稀释倍数可由重铬酸钾法测得的COD值确定，通常需作三个稀释比，即使用稀释水时，由COD值分别乘以系数0.075、0.15、0.225，即获得三个稀释倍数；使用接种稀释水时，则分别乘以0.075、0.15和0.25，获得三个稀释倍数。

COD$_{Cr}$值可在测定水样COD过程中，加热回流至60min时，用由校核试验的邻苯二甲酸氢钾溶液按COD测定相同步骤制备的标准色列进行估测。

稀释倍数确定后按下法之一测定水样。

① 一般稀释法：按照选定的稀释比例，用虹吸法沿筒壁先引入部分稀释水（或接种稀释水）于1L量筒中，加入需要量的均匀水样，再引入稀释水（或接种稀释水）至800mL，用带胶板的玻璃棒小心上下搅匀。搅拌时勿使搅拌棒的胶板露出水面，防止产生气泡。按不经稀释水样的测定步骤进行装瓶，测定当天溶解氧和培养5d后的溶解氧含量。

另取两个溶解氧瓶，用虹吸法装满稀释水（或接种稀释水）作为空白，分别测定5d前、后的溶解氧含量。

② 直接稀释法：直接稀释法是在溶解氧瓶内直接稀释。在已知两个容积相同（其差小于1mL）的溶解氧瓶内，用虹吸法加入部分稀释水（或接种稀释水），再加入根据瓶容积和稀释比例计算出的水样量，然后引入稀释水（或接种稀释水）至刚好充满，加塞，勿留气泡于瓶内。其余操作与上述稀释法相同。

在BOD$_5$测定中，一般采用叠氮化钠修正法测定溶解氧。如遇干扰物质，应根据具体情况采用其他测定法。溶解氧的测定方法附后。

五、数据处理

1.不经稀释直接培养的水样按式（1-7）计算：

$$BOD_5 = C_1 - C_2 \tag{1-7}$$

式中　C_1——水样在培养前的溶解氧浓度，mg/L；

　　　C_2——水样经5d培养后，剩余溶解氧浓度，mg/L。

2.经稀释后培养的水样按式（1-8）计算：

$$BOD_5 = \frac{(C_1 - C_2) - (B_1 - B_2)f_1}{f_2} \qquad (1\text{-}8)$$

式中　C_1——水样在培养前的溶解氧浓度，mg/L；

　　　C_2——水样经 5d 培养后，剩余溶解氧浓度，mg/L；

　　　B_1——稀释水（或接种稀释水）在培养前的溶解氧浓度，mg/L；

　　　B_2——稀释水（或接种稀释水）在培养后的溶解氧浓度，mg/L；

　　　f_1——稀释水（或接种稀释水）在培养液中所占比例；

　　　f_2——水样在培养液中所占比例。

六、注意事项

1.水中有机物的生物氧化过程分为碳化阶段和硝化阶段，测定一般水样的 BOD_5 时，硝化阶段不明显或根本不发生，但对于生物处理池的出水，因其中含有大量硝化细菌，因此，在测定 BOD_5 时也包括了部分含氮化合物的需氧量。对于这种水样，如只需测定有机物的需氧量，应加入硝化抑制剂，如烯丙基硫脲（ATU，$C_4H_8N_2S$）等。

2.在有两个或三个稀释比的样品中，凡消耗溶解氧大于 2mg/L 和剩余溶解氧大于 2mg/L 都有效，计算结果时应取平均值。

3.为检查稀释水和接种液的质量，以及化验人员的操作技术，可将 20mL 葡萄糖-谷氨酸标准溶液用接种稀释水稀释至 1000mL，测其 BOD_5，其结果应在 180～230mg/L 之间。否则，应检查接种液、稀释水或操作技术是否存在问题。

七、思考题

1.以表格形式列出稀释水样和稀释水（或接种稀释水样）在培养前后实测溶解氧数据，计算水样 BOD_5 值。

2.根据实际控制实验条件和操作情况，分析影响测定准确度的因素。

附：碘量法测定溶解氧

一、方法

采取叠氮化钠修正法，其原理是：在样品中溶解氧与刚刚沉淀的二价氢氧化锰（将氢氧化钠或氢氧化钾加入二价硫酸锰中制得）反应，酸化后，生成的高价锰化合物将碘化物氧化游离出碘，用硫代硫酸钠滴定法，测定游离碘量，换算成溶解氧的量。

二、仪器

（1）250～300mL 溶解氧瓶。

（2）25mL 酸式滴定管。

（3）250mL 锥形瓶。

（4）1mL、2mL 移液管。

三、试剂

（1）硫酸锰溶液：称取 450g 硫酸锰（$MnSO_4 \cdot 4H_2O$）溶于水，用水稀释至 1000mL。此溶液加至酸化过的碘化钾溶液中，遇淀粉不得产生蓝色。

（2）碱性碘化钾-叠氮化钠溶液：称取 35g 氢氧化钠、30g 碘化钾溶解于 50mL 水中，称取 1g 叠氮化钠溶于少量水中，将上述两种溶液混合，加水稀释至 100mL，贮于棕色瓶中，用橡胶塞塞紧，避光保存。

（3）硫酸溶液（标定硫代硫酸钠溶液用）：$c(1/2H_2SO_4)=2mol/L$。

（4）10g/L 淀粉溶液：称取 1g 可溶性淀粉，用少量水调成糊状，再用刚煮沸的水稀释至 100mL。冷却后，加入 0.1g 水杨酸或 0.4g 氯化锌防腐。

（5）碘酸钾标准溶液 [$c(1/6KIO_3)=10mmol/L$]：称取 （3.567±0.003)g 干燥的碘酸钾溶解在水中并稀释到 1000mL，再吸取 100mL 移入 1000mL 容量瓶中，用水稀释至标线。

（6）硫代硫酸钠标准溶液：称取 2.5g 五水合硫代硫酸钠（$Na_2S_2O_3 \cdot 5H_2O$）溶于煮沸放冷的水中，加 0.4g 碳酸钠，用水稀释至 1000mL，贮于棕色瓶中。使用前用碘酸钾标准溶液标定。

在锥形瓶中用 100～150mL 水溶解约 0.5g 碘化钾，加入 2mol/L 的硫酸溶液 5.00mL，混匀，加入 20.00mL 碘酸钾标准溶液，稀释至约 200mL，立即用硫代硫酸钠标准溶液滴定释放出的碘，当接近滴定终点时，溶液呈浅黄色，加淀粉指示剂，再滴定至完全无色。硫代硫酸钠标准溶液浓度（c，mmol/L）由式（1-9）计算：

$$c=\frac{10 \times 20}{V} \tag{1-9}$$

式中　V——硫代硫酸钠标准溶液滴定量，mL；

　　　10——$1/6KIO_3$ 标准溶液浓度，mmol/L；

　　　20——碘酸钾标准溶液体积，mL。

（7）浓硫酸。

（8）400g/L 氟化钾溶液：称取 40g 氟化钾（$KF \cdot 2H_2O$）溶于水中，用水稀释至 100mL，贮于聚乙烯瓶中备用。

四、测定步骤

1.溶解氧的固定：用移液管插入溶解氧瓶的液面下加入 1.00mL 硫酸锰溶液、2.00mL 碱性碘化钾-叠氮化钠溶液，盖好瓶塞，颠倒混合数次，静置。一般在取样现场固定。如水样含 Fe^{3+} 在 100mg/L 以上时干扰测定，需在水样采集后，先用移液管插入液面下加入 1mL 400g/L 氟化钾溶液。

2.打开瓶塞，立即用移液管插入液面下加入 2.00mL 硫酸。盖好瓶塞，颠倒混合摇匀，至沉淀物全部溶解，放于暗处静置 5min。

3. 吸取 100.00mL 上述溶液于 250mL 锥形瓶中，用硫代硫酸钠标准溶液滴定至溶液呈淡黄色，加入 1mL 淀粉溶液，继续滴定至蓝色刚好褪去，记录硫代硫酸钠溶液用量。用式 (1-10) 计算水样中溶解氧浓度 DO（以 O_2 计，mg/L）：

$$DO = \frac{c \times V \times 8 \times 1000}{100.00}$$ (1-10)

式中　c——硫代硫酸钠标准溶液的浓度，mol/L；

　　　V——滴定消耗硫代硫酸钠标准溶液的体积，mL；

　　　8——氧（$1/4O_2$）的摩尔质量，g/mol；

　100.00——滴定时取水样溶液的体积，mL。

 实验六　水中化学需氧量的测定——重铬酸钾法

一、实验目的和要求

1. 能够准确描述重铬酸钾法测定化学需氧量的原理和步骤，熟练掌握操作方法。
2. 能够区分高锰酸盐指数和化学需氧量的不同，同时能够借助该指标评价水体质量。

二、实验原理和方法

重铬酸钾法测定化学需氧量的原理：在水样中加入已知量的重铬酸钾溶液，在强酸介质中以银盐（Ag_2SO_4）作催化剂氧化水样中的还原性物质，经沸腾回流后，剩余的重铬酸钾以试亚铁灵作指示剂，用硫酸亚铁铵标准溶液回滴至溶液由蓝绿色变为红褐色即为终点，记录硫酸亚铁铵标准溶液消耗量；再以蒸馏水作为空白水样，按同样方法测定空白水样消耗硫酸亚铁铵标准溶液量，根据水样实际消耗硫酸亚铁铵标准溶液量计算化学需氧量。

水中化学需氧量的测定——重铬酸钾法

三、实验仪器与试剂

1. 仪器

（1）回流装置：带有 250mL 磨口锥形瓶的全玻璃回流装置，可选用风冷或水冷全玻璃回流装置。

（2）加热装置：电炉或其他等效消解装置。

（3）分析天平：感量为 0.0001g。

（4）酸式滴定管：25mL 或 50mL。

2. 试剂

（1）重铬酸钾标准溶液 $[c(1/6K_2Cr_2O_7) = 0.250mol/L]$：称取预先在 105℃烘箱中烘

干恒重的基准或优级纯重铬酸钾 12.258g 溶于水中，移入 1000mL 容量瓶，稀释至标线，摇匀。

（2）试亚铁灵指示液：称取 0.7g 七水合硫酸亚铁（$FeSO_4 \cdot 7H_2O$）于 50mL 水中，加入 1.5g 邻菲啰啉（$C_{12}H_8N_2 \cdot H_2O$），搅拌至溶解，稀释至 100mL，贮于棕色瓶内。

（3）硫酸亚铁铵标准溶液（$c[(NH_4)_2Fe(SO_4)_2 \cdot 6H_2O] \approx 0.05mol/L$）：称取 19.5g 六水合硫酸亚铁铵溶于水中，边搅拌边缓慢加入 10mL 浓硫酸，冷却后移入 1000mL 容量瓶中，加水稀释至标线，摇匀。临用前，用重铬酸钾标准溶液标定。

标定方法：准确吸取 5.00mL 重铬酸钾标准溶液于 250mL 锥形瓶中，加水稀释至 50mL 左右，缓慢加入 15mL 浓硫酸，混匀，冷却后，加入 3 滴（约 0.15mL）试亚铁灵指示液，用硫酸亚铁铵溶液滴定，溶液的颜色由黄色经蓝绿色至红褐色即为终点。记录硫酸亚铁铵溶液的消耗量 V，硫酸亚铁铵标准溶液浓度按式（1-11）计算。

$$c = \frac{0.250 \times 5.00}{V} \qquad (1\text{-}11)$$

式中 c——硫酸亚铁铵标准溶液的浓度，mol/L；

V——硫酸亚铁铵标准溶液的用量，mL。

（4）硫酸-硫酸银溶液：于 1L 浓硫酸中加入 10g 硫酸银。放置 1～2d，不时摇动使其溶解。

（5）硫酸汞溶液：100g/L。称取 10g 硫酸汞溶解于 100mL[1+9(V/V)] 硫酸溶液中，混匀。

四、实验步骤

1. 取 10.00mL 混合均匀的水样（或适量水样稀释至 10.00mL）置于 250mL 磨口回流锥形瓶中，准确加入 5.00mL 重铬酸钾标准溶液及数粒小玻璃珠或沸石，硫酸汞溶液按质量比 $m(HgSO_4) : m(Cl^-) \geq 20 : 1$ 的比例加入，最多加 2mL。连接磨口回流冷凝管，从冷凝管上口慢慢地加入 15mL 硫酸-硫酸银溶液，轻轻摇动锥形瓶使溶液混匀，加热回流 2h（自开始沸腾时计时）。

2. 回流并冷却后，自冷凝管上端加入 45mL 水冲洗冷凝管，取下锥形瓶。

3. 溶液再度冷却至室温后，加 3 滴试亚铁灵指示液，用硫酸亚铁铵标准溶液滴定，溶液的颜色由黄色经蓝绿色至红褐色即为终点，记录硫酸亚铁铵标准溶液的用量 V_1。

4. 测定水样的同时，以 10.00mL 实验用水按同样操作步骤做空白试验，记录滴定空白溶液时硫酸亚铁铵标准溶液的用量 V_0，每批样品应至少做两个空白试验。

五、数据处理

按式（1-12）计算水样中化学需氧量的质量浓度 ρ(mg/L)。

$$\rho = \frac{C(V_0 - V_1) \times 8 \times 1000}{V} \qquad (1\text{-}12)$$

式中 C——硫酸亚铁铵标准溶液的浓度，mol/L；

V_0——空白试验所消耗的硫酸亚铁铵标准溶液的体积，mL；

V_1——水样测定所消耗的硫酸亚铁铵标准溶液的体积，mL；

V——水样的体积，mL；

8——氧（$1/4O_2$）的摩尔质量，g/mol。

当 COD_{Cr} 测定结果小于 100mg/L 时保留至整数；当测定结果大于或等于 100mg/L 时，保留三位有效数字。

六、注意事项

1.对于污染严重的水样，可选取所需体积 1/10 的水样放入硬质玻璃管中，加入 1/10 的试剂，摇匀后加热至沸腾数分钟，观察溶液是否变成蓝绿色。如呈蓝绿色，应再适当少取水样直至溶液不变蓝绿色为止，从而可以确定待测水样的稀释倍数。

2.对于化学需氧量小于 50mg/L 的水样，应改用 0.0250mol/L 重铬酸钾标准溶液。回滴时用 0.005mol/L 硫酸亚铁铵标准溶液。

3.水样加热回流后，溶液中重铬酸钾剩余量应为加入量的 1/5～4/5 为宜。

4.用邻苯二甲酸氢钾标准溶液检查试剂的质量和操作技术时，由于每克邻苯二甲酸氢钾的理论 COD_{Cr} 为 1.176g，所以溶解 0.4251g 邻苯二甲酸氢钾（$HOOCC_6H_4COOK$）于重蒸馏水中，转入 1000mL 容量瓶，用重蒸馏水稀释至标线，使之成为 500mg/L 的 COD_{Cr} 标准溶液。用时新配。

5.每次实验时，应对硫酸亚铁铵标准滴定溶液进行标定，室温较高时尤其注意其浓度的变化。

6.消解时应使溶液缓慢沸腾，不宜暴沸。如出现暴沸，说明溶液中出现局部过热，会导致测定结果有误。暴沸的原因可能是加热过于激烈，或是防暴沸玻璃珠的效果不好。

7.试亚铁灵指示剂的加入量虽然不影响临界点，但应该尽量一致。当溶液的颜色先变为蓝绿色再变到红褐色即达到终点，几分钟后可能还会重现蓝绿色。

8.水样中氯离子浓度高于 1000mg/L 时应做定量稀释，使含量降至 1000mg/L 以下再行测定。

9.硫酸汞为剧毒物质，应避免直接接触，实验产生的废液集中倒入废液桶收集。

七、思考题

1.化学需氧量测定时，有哪些影响因素可能会干扰实验结果？

2.水样消解过程中溶液变绿是什么原因？该怎样处理？

 实验七　水中总有机碳的测定

一、实验目的和要求

1.能够理解总有机碳分析仪的测定原理，并借助仪器分析水中总有机碳含量。

2.能够根据样品的实际情况，选择合适的预处理及测定方法，并以此判断评价水质。

二、实验原理和方法

1.差减法测定总有机碳

将试样连同净化气体分别导入高温燃烧管和低温反应管中，经高温燃烧管的试样被高温催化氧化，其中的有机碳（OC）和无机碳（IC）均转化为二氧化碳，经低温反应管的试样被酸化后，其中的无机碳分解成二氧化碳，两种反应管中生成的二氧化碳分别被导入非分散红外检测器。在特定波长下，一定质量浓度范围内二氧化碳的红外线吸收强度与其质量浓度成正比，由此可对试样总碳（TC）和无机碳进行定量测定。总碳与无机碳的差值，即为总有机碳（TOC）。

2.直接法测定总有机碳

试样经酸化曝气，其中的无机碳转化为二氧化碳被去除，再将试样注入高温燃烧管中，可直接测定总有机碳。由于酸化曝气会损失可吹扫有机碳（POC），故测得总有机碳值为不可吹扫有机碳（NPOC）。

三、实验仪器与试剂

1.仪器

本实验除非另有说明，分析时均使用符合国家 A 级标准的玻璃量器。

（1）非分散红外吸收 TOC 分析仪。

（2）一般实验室常用仪器。

2.试剂

本实验所用试剂除另有说明外，均应为符合国家标准的分析纯试剂，所用水均为无二氧化碳水。

（1）无二氧化碳水：将重蒸馏水在烧杯中煮沸蒸发（蒸发量 10%），冷却后备用。也可使用纯水机制备的纯水或超纯水。无二氧化碳水应临用现制，并经检验 TOC 质量浓度不超过 0.5mg/L。

（2）硫酸（H_2SO_4）：$\rho(H_2SO_4)=1.84g/mL$。

（3）邻苯二甲酸氢钾（$C_8H_5KO_4$）：优级纯。

（4）无水碳酸钠（Na_2CO_3）：优级纯。

（5）碳酸氢钠（$NaHCO_3$）：优级纯。

（6）氢氧化钠溶液：$\rho(NaOH)=10g/L$。

（7）有机碳标准贮备液：$\rho(OC)=400mg/L$。准确称取邻苯二甲酸氢钾（预先在 110～120℃下干燥至恒重）0.8502g，置于烧杯中，加水溶解后，转移此溶液于 1000mL 容量瓶中，用水稀释至标线，混匀。在 4℃条件下可保存两个月。

（8）无机碳标准贮备液：$\rho(IC)=400mg/L$。准确称取无水碳酸钠（预先在 105℃下干燥至恒重）1.7634g 和碳酸氢钠（预先在干燥器内干燥）1.4000g，置于烧杯中，加水溶解后，转移此溶液于 1000mL 容量瓶中，用水稀释至标线，混匀。在 4℃条件下可保存两周。

（9）差减法标准使用液：$\rho(TC)=200mg/L$，$\rho(IC)=100mg/L$。用单标线吸量管分别吸取 50.00mL 有机碳标准贮备液和无机碳标准贮备液于 200mL 容量瓶中，用水稀释至标线，混匀。在 4℃条件下贮存可稳定保存一周。

（10）直接法标准使用液：$\rho(OC)=100mg/L$。用单标线吸量管吸取 50.00mL 有机碳标准贮备液于 200mL 容量瓶中，用水稀释至标线，混匀。在 4℃条件下贮存可稳定保存一周。

（11）载气：氮气或氧气，纯度大于 99.99%。

四、实验步骤

1. 仪器的调试

按 TOC 分析仪说明书设定条件参数，进行调试。

2. 校准曲线的绘制

（1）差减法校准曲线的绘制

在一组七个 100mL 容量瓶中，分别加入 0.00mL、2.00mL、5.00mL、10.00mL、20.00mL、40.00mL、100.00mL 差减法标准使用液，用水稀释至标线，混匀。配制成总碳质量浓度为 0.0mg/L、4.0mg/L、10.0mg/L、20.0mg/L、40.0mg/L、80.0mg/L、200.0mg/L 和无机碳质量浓度为 0.0mg/L、2.0mg/L、5.0mg/L、10.0mg/L、20.0mg/L、40.0mg/L、100.0mg/L 的标准系列溶液。该溶液测定前用氢氧化钠溶液调至中性，取一定体积注入 TOC 测定仪测定，记录相应的响应值。以标准系列溶液质量浓度对应仪器响应值，分别绘制总碳和无机碳校准曲线。

（2）直接法校准曲线的绘制

在一组七个 100mL 容量瓶中，分别加入 0.00mL、2.00mL、5.00mL、10.00mL、20.00mL、40.00mL、100.00mL 直接法标准使用液，用水稀释至标线，混匀。配制成有机碳质量浓度为 0.0mg/L、2.0mg/L、5.0mg/L、10.0mg/L、20.0mg/L、40.0mg/L、100.0mg/L 的标准系列溶液。取一定体积酸化至 pH≤2 的试样，注入 TOC 测定仪，经曝气除去无机碳后导入高温氧化炉，记录相应的响应值。以标准系列溶液质量浓度对应仪器响应值，绘制有机碳校准曲线。

上述校准曲线浓度范围可根据仪器和测定样品种类的不同进行调整。

3. 空白试验

用无二氧化碳水代替试样，按照步骤 2 测定其响应值。每次试验应先检测无二氧化碳水的 TOC 含量，测定值应不超过 0.5mg/L。

4. 样品测定

（1）差减法

经酸化的试样在测定前应以氢氧化钠溶液中和至中性，取一定体积注入 TOC 分析仪进行测定，记录相应的响应值。

（2）直接法

取一定体积酸化至 pH≤2 的试样注入 TOC 分析仪，经曝气除去无机碳后导入高温氧化炉，记录相应的响应值。

五、数据处理

1.差减法

根据所测试样响应值，由校准曲线计算出总碳和无机碳质量浓度。试样中总有机碳质量浓度计算如式（1-13）所示：

$$\rho(\text{TOC}) = \rho(\text{TC}) - \rho(\text{IC}) \tag{1-13}$$

式中　$\rho(\text{TOC})$——试样总有机碳质量浓度，mg/L；

　　　$\rho(\text{TC})$——试样总碳质量浓度，mg/L；

　　　$\rho(\text{IC})$——试样无机碳质量浓度，mg/L。

2.直接法

根据所测试样响应值，由校准曲线计算出总有机碳的质量浓度 $\rho(\text{TOC})$。

当测定结果小于 100mg/L 时，保留到小数点后一位；大于等于 100mg/L 时，保留三位有效数字。

六、注意事项

1.水中常见共存离子超过下列质量浓度时：SO_4^{2-} 400mg/L、Cl^- 400mg/L、NO_3^- 100mg/L、PO_4^{3-} 100mg/L、S^{2-} 100mg/L，可用无二氧化碳水稀释水样，至上述共存离子质量浓度低于其干扰允许质量浓度后，再进行分析。

2.每次试验应在一个曲线中间点进行校核，校核点测定值和校准曲线相应点浓度的相对误差应不超过 10%。

七、思考题

1.根据水样的性质，怎样选择差减法或直接法测定？
2.实验过程中产生误差的因素有哪些？

 实验八　水中苯系物的测定

一、实验目的和要求

1.能够描述顶空/气相色谱法测定有机物的实验原理，熟练使用和操作气相色谱仪，并掌握顶空/气相色谱法测定苯系物的实验步骤。

2.能够综合应用各种分析数据定性识别、判断有机物的种类，并能够进行定量分析。

二、实验原理和方法

苯系物是指苯、甲苯、乙苯、苯乙烯等组成的混合物。测定苯系物的方法有顶空/气相色谱法、二硫化碳萃取气相色谱法和气相色谱-质谱（GC-MS）法，本实验采用顶空/气相色谱法（参考标准 HJ 1067—2019）。将样品置于密闭的顶空瓶中，在一定的温度和压力下，顶空瓶内样品中挥发性组分向液上空间挥发，产生蒸气压，气液两相达到热力学动态平衡，在一定的浓度范围内，苯系物在气相中的浓度与水相中的浓度成正比。定量抽取气相部分用气相色谱分离，氢火焰离子化检测器检测。根据保留时间定性，工作曲线外标法定量。

三、实验仪器与试剂

1.仪器

（1）气相色谱仪：具分流/不分流进样口和氢火焰离子化检测器（FID）。

（2）自动顶空进样器：温度控制精度为±1℃。

（3）顶空瓶：顶空瓶（22mL）、聚四氟乙烯（PTFE）/硅氧烷密封垫、瓶盖（螺旋盖或一次使用的压盖），也可使用与自动顶空进样器配套的玻璃顶空瓶。

（4）移液管：1～10mL。

（5）玻璃微量注射器：10～100μL。

（6）一般实验室常用仪器和设备。

2.试剂

除非另有说明，分析时均使用符合国家标准的分析纯化学试剂。实验用水为二次蒸馏水或纯水设备制备的水，使用前需经过空白检验，确认不含目标化合物，且在目标化合物的保留时间区间内没有干扰色谱峰出现。

（1）氯化钠（NaCl）：优级纯。使用前在 500～550℃灼烧 2h，冷却至室温，于干燥器中保存备用。

（2）标准贮备液：$\rho \approx 1.00mg/mL$，溶剂为甲醇。

市售有证标准溶液，于 4℃ 以下避光密封冷藏，或按照产品说明书保存。使用前应恢复至室温，混匀。

（3）标准使用液：$\rho \approx 100\mu g/mL$。

准确移取 1.00mL 标准贮备液，用水定容至 10mL。临用现配。

（4）载气：高纯氮气，纯度≥99.999%。

（5）燃烧气：高纯氢气，纯度≥99.999%。

（6）助燃气：空气，经硅胶脱水、活性炭脱有机物。

四、实验步骤

1.仪器参考条件

（1）顶空进样器参考条件

加热平衡温度：60℃；加热平衡时间：30min；进样阀温度：100℃；传输线温度：100℃；进样体积：1.0mL（定量环）。

（2）气相色谱仪参考条件

进样口温度：200℃；检测器温度：250℃；色谱柱升温程序：40℃（保持5min），以5℃/min速率升温到80℃（保持5min）；载气流速：2.0mL/min；燃烧气流速：30mL/min；助燃气流速：300mL/min；尾吹气流速：25mL/min；分流比为10∶1。

2. 标准曲线的绘制

分别向7个顶空瓶中预先加入3g氯化钠，依次准确加入10.0mL、10.0mL、10.0mL、9.8mL、9.6mL、9.2mL和8.8mL水，然后再用微量注射器和移液管依次加入5.00μL、20.0μL、50.0μL、0.20mL、0.40mL、0.80mL和1.2mL标准使用液，配制成目标化合物质量浓度分别为0.050mg/L、0.200mg/L、0.500mg/L、2.00mg/L、4.00mg/L、8.00mg/L、12.0mg/L的标准系列溶液，立即密闭顶空瓶，轻振摇匀，按照仪器参考条件，从低浓度到高浓度依次进样分析，记录标准系列目标物的保留时间和峰高值。以目标化合物浓度为横坐标，以其对应的峰高值为纵坐标，建立标准曲线。

3. 样品的测定

按照与标准曲线建立相同的条件进行试样的测定。

4. 空白试验

按照与试样测定相同的步骤进行实验室空白试样的测定。

五、数据处理

1. 定性分析

根据样品中目标物与标准系列中目标物的保留时间进行定性。样品分析前，建立保留时间窗 $t\pm 3S$。t 为校准时各浓度级别目标化合物的保留时间均值，S 为初次校准时各浓度级别目标化合物保留时间的标准偏差。样品分析时，目标物应在保留时间窗内出峰。

2. 定量分析

将样品中目标化合物的峰面积扣除空白试样峰面积，然后根据标准曲线计算目标化合物的质量浓度，具体公式如式（1-14）所示：

$$\rho = \frac{A - A_0 - a}{b} \times f \tag{1-14}$$

式中　ρ——试样中目标化合物的浓度，μg/L；

　　　A——试样中目标化合物的峰面积；

　　　A_0——空白试样中目标化合物的峰面积；

　　　a——标准曲线方程的截距；

　　　b——回归方程的斜率；

　　　f——样品的稀释倍数。

六、注意事项

1. 在采样、样品保存和预处理过程中，应避免接触塑料和其他有机物。

2. 在测定含盐量较高的样品时，氯化钠的加入量可适量减少，避免样品析出盐而引起顶空样品瓶中气液两相体积变化。样品与标准系列溶液加入的盐量应一致。

3. 若样品浓度超过标准曲线的最高浓度点，需从未开封的样品瓶中重新取样，稀释后重新进行试样的制备。

七、思考题

1. 测定苯系物的水样应怎样采样保存？
2. 简述气相色谱法的工作原理。

第二节　大气环境监测

 实验一　空气中总悬浮颗粒物浓度的测定

一、实验目的和要求

1. 能够掌握重量法测定总悬浮颗粒物的原理及操作技能，明确测定步骤及注意事项。
2. 能运用粒径分割器测定 PM_{10}、$PM_{2.5}$，并以此评价大气环境质量。

二、实验原理和方法

以恒速抽取一定体积的空气，使之通过已恒重的滤膜，则悬浮微粒被阻留在滤膜上，根据采样前后滤膜质量之差及采气体积（实际采样体积），即可计算总悬浮颗粒物（TSP）的质量体积浓度。该方法分为大流量采样器法和中流量采样器法。本实验采用中流量采样器法。

三、实验仪器

（1）中流量采样器：流量 $0.07 \sim 0.16 \mathrm{m}^3/\mathrm{min}$。经过流量校准装置校准。

（2）恒温恒湿箱：箱内空气温度要求在 $15 \sim 30℃$ 范围内连续可调，控温精度 $\pm 1℃$。

（3）分析天平：感量 $0.1 \mathrm{mg}$。

（4）玻璃纤维滤膜，直径 $8 \sim 10 \mathrm{cm}$，实验前经过镜检，检查滤膜有无缺损。

（5）干燥器。

（6）镊子、滤膜袋等。

四、实验步骤

1. 滤膜准备

每张滤膜均需用 X 射线看片机进行检查，不得有针孔或任何缺陷，然后将滤膜在恒温恒湿箱中平衡 24h，称至恒重，并记录其质量。

2. 采样

将已恒重的滤膜用小镊子取出，绒面向上，平放在采样夹的网托上，拧紧采样夹，按照规定的流量（100L/min）采样，根据环境状况设置采样时间 t。

3. 样品测定

采样后，用镊子小心取下滤膜，使采样"毛"面朝内，以采样有效面积的长边为中线对叠好，放回表面光滑的滤袋并贮于盒内。将采样后的滤膜在平衡室内平衡 24h，迅速称重，记录其质量。

五、数据处理

TSP 的含量（mg/m^3）计算如式（1-15）所示：

$$TSP\ 含量 = \frac{(w_2 - w_1) \times 10^3}{V_0} \tag{1-15}$$

式中　w_1、w_2——采样前、后滤膜的质量，g；

　　　V_0——气体体积换算成标准状态下的采样体积，m^3。

六、注意事项

1. 由于采样流量计上表观流量与实际流量随温度、压力的不同而变化，所以采样流量计必须校正后使用。

2. 要经常检查采样头是否漏气。当滤膜上颗粒物与四周白边之间的界线模糊，表明面板密封垫密封性能不好或螺丝没有拧紧，测定值将会偏低。

七、思考题

1. 如何采样测定空气中 $PM_{2.5}$ 的浓度？

2. 影响测量准确性的因素有哪些？

实验二　空气中氮氧化物的测定

一、实验目的和要求

1. 掌握盐酸萘乙二胺分光光度法测定氮氧化物的原理及操作技能。

2. 根据样品采样要求，能设置合理的采样点，并利用采样装置进行采样。

二、实验原理和方法

环境空气中的氮氧化物主要以 NO 和 NO_2 形态存在。测定时用酸性高锰酸钾将 NO 氧化成 NO_2，用吸收液吸收后，首先生成亚硝酸和硝酸。其中亚硝酸与对氨基苯磺酸发生重氮化反应，再与盐酸萘乙二胺作用，生成粉红色偶氮染料，根据颜色深浅采用分光光度法定量。因为 NO_2 不是全部转化为 NO_2^-，故在计算结果时应除以转换系数（称为 Saltzman 实验系数，用标准气体通过实验测定）。

三、实验仪器与试剂

1. 仪器

（1）吸收瓶：可装 10mL、25mL 或 50mL 吸收液的多孔玻板吸收瓶，液柱高度不低于 80mm。使用棕色吸收瓶或采样过程中在吸收瓶外罩黑色避光罩。

（2）氧化瓶：可装 5mL、10mL 或 50mL 酸性高锰酸钾溶液的洗气瓶，液柱高度不能低于 80mm。使用后用盐酸羟胺溶液浸泡洗涤。

（3）空气采样器：便携式空气采样器，流量范围为 0.1～1.0L/min。采样流量为 0.4L/min 时，相对误差小于±5%。

（4）恒温、半自动连续采样器：采样流量为 0.2L/min 时，相对误差小于±5%。

（5）分光光度计：具 10mm 比色皿。

（6）具塞比色管：10mL。

2. 试剂

（1）冰乙酸。

（2）硫酸溶液，$c(1/2H_2SO_4)=1mol/L$：取 15mL 浓硫酸，缓慢加入 500mL 水中，搅拌均匀，冷却备用。

（3）酸性高锰酸钾溶液，$\rho(KMnO_4)=25g/L$：称取 25g 高锰酸钾于 1000mL 烧杯中，加入 500mL 水，稍微加热使其全部溶解，然后加入 1mol/L 硫酸溶液 500mL，搅拌均匀，贮于棕色试剂瓶中。

（4）N-(萘-1-基)乙二胺盐酸盐贮备液，$\rho[C_{10}H_7NH(CH_2)_2NH_2 \cdot 2HCl]=1.00g/L$：称取 0.50g N-(萘-1-基)乙二胺盐酸盐于 500mL 容量瓶中，用水溶解稀释至刻度。此溶液

贮于密闭的棕色瓶中，在冰箱中冷藏，可稳定保存三个月。

（5）显色液：称取 5.0g 对氨基苯磺酸（$NH_2C_6H_4SO_3H$）溶解于约 200mL 40～50℃ 热水中，将溶液冷却至室温，全部移入 1000mL 容量瓶中，加入 50mL N-(萘-1-基)乙二胺 盐酸盐贮备溶液和 50mL 冰乙酸，用水稀释至刻度。此溶液贮于密闭的棕色瓶中，在 25℃ 以下暗处存放可稳定三个月。若溶液呈现淡红色，应弃之重配。

（6）吸收液：使用时将显色液和水按 4:1（体积分数）比例混合，即为吸收液。吸收 液的吸光度应≤0.005。

（7）亚硝酸盐标准贮备液，$\rho(NO_2^-) = 250\mu g/mL$：准确称取 0.3750g 亚硝酸钠 （$NaNO_2$，优级纯，使用前在 105℃±5℃ 干燥恒重）溶于水，移入 1000mL 容量瓶中，用 水稀释至标线。此溶液贮于密闭棕色瓶中于暗处存放，可稳定保存三个月。

（8）亚硝酸盐标准使用液，$\rho(NO_2^-) = 2.5\mu g/mL$：准确吸取亚硝酸盐标准贮备液 1.00mL 于 100mL 容量瓶中，用水稀释至标线。临用现配。

四、实验步骤

1. 采样

（1）短时间采样（1h 以内）

取两支内装 10.0mL 吸收液的多孔玻板吸收瓶和一支内装 5～10mL 酸性高锰酸钾溶液 的氧化瓶（液柱高度不低于 80mm），用尽量短的硅橡胶管将氧化瓶串联在两支吸收瓶之 间，以 0.4L/min 流量采气 4～24L。

（2）长时间采样（24h）

取两支大型多孔玻板吸收瓶，装入 25.0mL 或 50.0mL 吸收液（液柱高度不低于 80mm），标记液面位置，再取一支内装 50mL 酸性高锰酸钾溶液的氧化瓶，将吸收液恒温 在 20℃±4℃，以 0.2L/min 流量采气 288L。

（3）现场空白

装有吸收液的吸收瓶带到采样现场，与样品在相同的条件下保存，运输，直至送交实 验室分析，运输过程中应注意防止沾污。要求每次采样至少做 2 个现场空白测试。

2. 标准曲线的绘制

取 6 支 10mL 具塞比色管，按表 1-2 制备亚硝酸钠标准溶液系列。根据表 1-2 分别移取 相应体积的亚硝酸钠标准使用液，加水至 2.00mL，加入显色液 8.00mL。

表 1-2 亚硝酸钠标准溶液系列

管号	0	1	2	3	4	5
标准溶液/mL	0	0.40	0.80	1.20	1.60	2.00
水/mL	2.00	1.60	1.20	0.80	0.40	0
显色液/mL	8.00	8.00	8.00	8.00	8.00	8.00
NO_2^- 质量浓度/($\mu g/mL$)	0	0.10	0.20	0.30	0.40	0.50

各管混匀，于暗处放置 20min（室温低于 20℃ 时放置 40min 以上），用 10mm 比色皿，

在波长 540nm 处，以水为参比，测量吸光度。扣除 0 号管的吸光度以后，对应 NO_2^- 的质量浓度（$\mu g/mL$），用最小二乘法计算标准曲线的回归方程。

3. 样品测定

采样后放置 20min，室温 20℃ 以下时放置 40min 以上，用水将采样瓶中吸收液的体积补充至标线，混匀，按标准曲线的绘制步骤测定样品的吸光度。

4. 空白试样

取实验室内未经采样的空白吸收液，用 10mm 比色皿，在波长 540nm 处，以水为参比测定吸光度。实验室空白吸光度 A_0 在显色规定条件下波动范围不超过 ±15%。

现场空白测量同空白试样，将现场空白和实验室空白的测量结果相对照，若现场空白与实验室空白相差过大，查找原因，重新采样。

五、数据处理

空气中二氧化氮质量浓度 ρ_{NO_2}（mg/m^3）按式（1-16）计算：

$$\rho_{NO_2} = \frac{(A_1 - A_0 - \alpha)VD}{bfV_0} \quad\quad (1\text{-}16)$$

空气中一氧化氮质量浓度 ρ_{NO}（mg/m^3）以二氧化氮计，按式（1-17）计算：

$$\rho_{NO} = \frac{(A_2 - A_0 - \alpha)VD}{bfV_0 k} \quad\quad (1\text{-}17)$$

空气中氮氧化物的质量浓度 ρ_{NO_x}（mg/m^3）以二氧化氮计，按式（1-18）计算：

$$\rho_{NO_x} = \rho_{NO_2} + \rho_{NO} \quad\quad (1\text{-}18)$$

式中　A_1、A_2——串联的第一支和第二支吸收瓶中样品的吸光度；

　　　　A_0——实验室空白试样的吸光度；

　　　　b——标准曲线的斜率，$mL/\mu g$；

　　　　α——标准曲线的截距；

　　　　V——采样用吸收液体积，mL；

　　　　V_0——换算为标准状态（273.15K，101.325kPa）的采样体积，L；

　　　　k——NO 氧化为 NO_2 的氧化系数，0.68；

　　　　D——样品的稀释倍数；

　　　　f——Saltzman 实验系数，0.88（当空气中二氧化氮质量浓度高于 $0.72mg/m^3$ 时，f 取值 0.77）。

六、注意事项

1. 空气中二氧化硫质量浓度为氮氧化物质量浓度的 30 倍时，对二氧化氮的测定产生负干扰；空气中过氧乙酰硝酸酯（PAN）对二氧化氮的测定产生正干扰；空气中臭氧质量浓度超过 $0.25mg/m^3$ 时，对二氧化氮的测定产生负干扰。采样时在采样瓶入口端串接一段 15～20cm 长的硅橡胶管，可排除干扰。

2.配制吸收液时，应避免在空气中长时间暴露，以免吸收空气中的氮氧化物。光照射能使吸收液显色，因此在采样、运送及存放过程中，都应采取避光措施。

3.在采样过程中，如吸收液体积显著缩小，要用水补充到原来的体积（应预先做好标记）。

4.采样过程注意观察吸收液颜色变化，避免因氮氧化物质量浓度过高而穿透。

七、思考题

1.简要说明盐酸萘乙二胺分光光度法测定大气中 NO_x 的原理和测定过程。

2.分析影响测定准确度的因素，如何消减或杜绝在样品采集、运输和测定过程中引进的误差。

 ## 实验三 空气中二氧化硫的测定

一、实验目的和要求

1.能够采用甲醛吸收-副玫瑰苯胺分光光度法测定空气中二氧化硫含量，描述测定原理，熟悉操作步骤，识别关键干扰因素。

2.根据样品采样的综合要求，能够设置合理的采样点，并利用采样装置进行规范采样，分析影响准确度的因素及控制方法。

二、实验原理和方法

二氧化硫被甲醛缓冲溶液吸收后，生成稳定的羟甲基磺酸加成化合物，在样品溶液中加入氢氧化钠使加成化合物分解，释放出的二氧化硫与副玫瑰苯胺、甲醛作用，生成紫红色化合物，用分光光度计在波长 577nm 处测量吸光度。

本方法的主要干扰物为氮氧化物、臭氧及某些重金属元素。采样后放置一段时间可使臭氧自行分解；加入氨磺酸钠溶液可消除氮氧化物的干扰；吸收液中加入磷酸及环己二胺四乙酸二钠盐可以消除或减少某些金属离子的干扰。

三、实验仪器与试剂

1.仪器

（1）分光光度计：具有 10mm 比色皿。

（2）多孔玻板吸收管：10mL 多孔玻板吸收管，用于短时间采样；50mL 多孔玻板吸收管，用于 24h 连续采样。

（3）恒温水浴：0～40℃，控制精度为±1℃。

（4）具塞比色管：10mL。

（5）空气采样器：用于短时间采样的普通空气采样器，流量范围为 0.1～1L/min，应具有保温装置。用于 24h 连续采样的采样器应具有恒温、恒流、计时、自动控制开关的功能，流量范围为 0.1～0.5L/min。

2. 试剂

(1) 实验用水为新制备的蒸馏水或同等纯度的水。

(2) 氢氧化钠溶液，$c(NaOH)＝1.50mol/L$：称取 6.0g NaOH，溶于 100mL 水中。

(3) 环己二胺四乙酸二钠溶液，$c(Na_2CDTA)＝0.05mol/L$：称取 1.82g 反-1,2-环己二胺四乙酸（简称 CDTA），加入 1.50mol/L 的氢氧化钠溶液 6.5mL，溶解后用水稀释至 100mL。

(4) 甲醛缓冲吸收贮备液：吸取质量分数为 36％～38％ 的甲醛溶液 5.5mL、0.05mol/L 的 Na_2CDTA 溶液 20.00mL；称取 2.04g 邻苯二甲酸氢钾，溶解于少量水中；将三种溶液合并，用水稀释至 100mL。若贮于冰箱可保存 12 个月。

(5) 甲醛缓冲吸收液：用水将甲醛缓冲吸收贮备液稀释 100 倍而成，临用现配。

(6) 氨磺酸钠溶液（6.0g/L）：称取 0.60g 氨磺酸（H_2NSO_3H），加入 1.50mol/L 的氢氧化钠溶液 4.0mL，搅拌至完全溶解后稀释至 100mL，摇匀。此溶液密封可保存 10d。

(7) 碘贮备液，$c(1/2I_2)＝0.10mol/L$：称取 12.7g 碘（I_2）于烧杯中，加入 40g 碘化钾和 25mL 水，搅拌至完全溶解，用水稀释至 1000mL，贮存于棕色细口瓶中。

(8) 碘使用液，$c(1/2I_2)＝0.010mol/L$：量取贮备液 50mL，用水稀释至 500mL，贮于棕色细口瓶中。

(9) 淀粉溶液（5.0g/L）：称取 0.5g 可溶性淀粉，用少量水调成糊状，慢慢倒入 100mL 沸水，继续煮沸至溶液澄清，冷却后贮于试剂瓶中。

(10) 碘酸钾标准溶液，$c(1/6KIO_3)＝0.1000mol/L$：称取 3.5667g 碘酸钾（KIO_3，优级纯，经 110℃ 干燥 2h）溶解于水，移入 1000mL 容量瓶中，用水稀释至标线，摇匀。

(11) 盐酸溶液，$c(HCl)＝1.2mol/L$：量取 100mL 浓盐酸，加到 900mL 水中。

(12) 硫代硫酸钠标准贮备液，$c(Na_2S_2O_3)＝0.10mol/L$：称取 25.0g 五水合硫代硫酸钠（$Na_2S_2O_3 \cdot 5H_2O$），溶解于 1000mL 新煮沸并已冷却的水中，加入 0.2g 无水碳酸钠，贮于棕色细口瓶中，放置一周后备用。如溶液呈现浑浊，必须过滤。

标定方法：吸取三份碘酸钾标准溶液 [$c(1/6KIO_3)＝0.1000mol/L$] 20.00mL 分别置于 250mL 碘量瓶中，各加入 70mL 新煮沸并已冷却的水，以及 1g 碘化钾，振摇至完全溶解后，各加入盐酸溶液 10mL，立即盖好瓶塞，摇匀。于暗处放置 5min 后，用硫代硫酸钠标准贮备液滴定至溶液呈浅黄色，加入 2mL 淀粉溶液，继续滴定至蓝色刚好褪去即为终点。硫代硫酸钠标准贮备液的浓度按式（1-19）计算：

$$c＝\frac{0.1000×20.00}{V} \tag{1-19}$$

式中　c——硫代硫酸钠标准溶液的浓度，mol/L；

　　　V——滴定所耗硫代硫酸钠标准贮备液的体积，mL。

(13) 硫代硫酸钠标准溶液，$c(Na_2S_2O_3)≈0.0100mol/L$：取 50.00mL 硫代硫酸钠标准贮备液置于 500mL 容量瓶中，用新煮沸但已冷却的水稀释至标线，摇匀。

(14) 乙二胺四乙酸二钠盐（EDTA-2Na）溶液，$\rho(EDTA-2Na)＝0.50g/L$：称取

0.25g 乙二胺四乙酸二钠二水合物（$C_{10}H_{14}N_2Na_2O_8 \cdot 2H_2O$）溶于 500mL 新煮沸但已冷却的水中。临用时现配。

（15）亚硫酸钠溶液，$\rho(Na_2SO_3) = 1g/L$：称取 0.2g 亚硫酸钠（Na_2SO_3）溶于 200mL EDTA-2Na 溶液中，缓缓摇匀以防充氧，使其溶解。放置 2~3h 后标定。此溶液每毫升相当于 320~400μg 二氧化硫。

标定方法：

① 取 6 个 250mL 碘量瓶（A_1、A_2、A_3、B_1、B_2、B_3），在 A_1、A_2、A_3 内各加入 25.00mL 乙二胺四乙酸二钠盐溶液作为空白样，在 B_1、B_2、B_3 内加入 25.00mL 亚硫酸钠溶液，分别加入 50.00mL 碘溶液和 1.00mL 冰乙酸，盖好瓶盖，摇匀。

② 立即吸取 2.00mL 亚硫酸钠溶液加到一个已装有 40~50mL 甲醛吸收液的 100mL 容量瓶中，并用甲醛吸收液稀释至标线、摇匀。此溶液即为二氧化硫标准贮备溶液，在 4~5℃下冷藏，可稳定 6 个月。

③ A_1、A_2、A_3、B_1、B_2、B_3 六个瓶子于暗处放置 5min 后，用硫代硫酸钠标准溶液滴定至浅黄色，加 5mL 淀粉指示剂，继续滴定至蓝色刚刚消失。平行滴定所用硫代硫酸钠标准溶液的体积之差应不大于 0.05mL。

二氧化硫标准贮备溶液的质量浓度由式（1-20）计算：

$$\rho(SO_2) = \frac{(V_0 - V) \times c \times 32.02 \times 10^3}{25.00} \times \frac{2.00}{100} \qquad (1\text{-}20)$$

式中　$\rho(SO_2)$——二氧化硫标准贮备溶液的质量浓度，$\mu g/mL$；

　　　V_0——空白滴定所用硫代硫酸钠标准溶液的体积，mL；

　　　V——样品滴定所用硫代硫酸钠标准溶液的体积，mL；

　　　c——硫代硫酸钠标准溶液的浓度，mol/L；

　32.02——$1/2SO_2$ 的摩尔质量，g/mol；

　2.00——亚硫酸钠溶液体积，mL。

（16）二氧化硫标准溶液，$\rho(SO_2) = 1.00\mu g/mL$：用甲醛缓冲吸收液将二氧化硫标准贮备溶液稀释成每毫升含 1.0μg 二氧化硫的标准溶液。此溶液用于绘制标准曲线，在 4~5℃下冷藏，可稳定 1 个月。

（17）盐酸副玫瑰苯胺（简称 PRA，即副品红或对品红）贮备液，$\rho(PRA) = 2.0g/L$：称取 0.20g 经提纯的盐酸副玫瑰苯胺，溶解于 100mL 1.0mol/L 盐酸中。

（18）盐酸副玫瑰苯胺使用液，$\rho(PRA) = 0.50g/L$：吸取 25.00mL 盐酸副玫瑰苯胺贮备液于 100mL 容量瓶中，加 30mL 85% 的浓磷酸，12mL 浓盐酸，用水稀释至标线，摇匀，放置过夜后使用，避光密封保存。

四、实验步骤

1.采样

（1）短时间采样

采用内装 10mL 吸收液的多孔玻板吸收管，以 0.5L/min 的流量采气 45~60min。采样时甲醛缓冲吸收液温度应保持在 23～29℃ 的范围。

（2）24h 连续采样

用内装 50mL 吸收液的多孔玻板吸收瓶，以 0.2L/min 的流量连续采样 24h。采样时甲醛缓冲吸收液温度应保持在 23～29℃ 的范围。

（3）现场空白

将装有吸收液的采样管带到采样现场，除了不采气外，其他环境条件与样品相同。

2. 标准曲线的绘制

取 14 支 10mL 具塞比色管，分 A、B 两组，每组 7 支，分别对应编号，A 组按表 1-3 配制校准系列。

表 1-3　二氧化硫标准系列

管号	0	1	2	3	4	5	6
二氧化硫标准溶液/mL	0	0.50	1.00	2.00	5.00	8.00	10.00
甲醛缓冲吸收液/mL	10.00	9.50	9.00	8.00	5.00	2.00	0
二氧化硫含量/μg	0	0.50	1.00	2.00	5.00	8.00	10.00

在 A 组各管中分别加入 0.5mL 氨磺酸钠溶液和 0.5mL 氢氧化钠溶液，混匀。在 B 组各管中分别加入 1.00mL PRA 使用液。将 A 组各管溶液迅速全部倒入对应编号并盛有 PRA 溶液的 B 管中，立即加塞混匀后放入恒温水浴装置中显色。显色温度与室温之差不应超过 3℃。根据季节和环境条件按表 1-4 选择合适的显色温度与显色时间。

表 1-4　显色温度与显色时间

显色温度/℃	10	15	20	25	30
显色时间/min	40	25	20	15	5
稳定时间/min	35	25	20	15	10
试剂空白吸光度（A_0）	0.030	0.035	0.040	0.050	0.060

在波长 577nm 处，用 10mm 比色皿，以水为参比，测量吸光度。以空白校正后各管的吸光度为纵坐标，以二氧化硫的含量（μg）为横坐标，用最小二乘法建立校准曲线的回归方程。

3. 样品测定

（1）短时采样

将多孔玻板吸收管中样品溶液全部移入 10mL 具塞比色管中，用少量甲醛缓冲吸收液洗涤吸收管，倒入比色管中，并用甲醛缓冲吸收液稀释至 10mL 标线。加入 6.0g/L 氨磺酸钠溶液 0.50mL，摇匀。放置 10min 以除去氮氧化物的干扰，以下步骤同标准曲线的绘制。

（2）24h 连续采样

将多孔玻板吸收管中样品溶液移入 50mL 具塞比色管（或容量瓶）中，用少量甲醛缓冲吸收液洗涤吸收管，洗涤液并入样品溶液中，再用甲醛缓冲吸收液稀释至标线。吸取适量样品溶液（视浓度高低取 2～10mL）于 10mL 具塞比色管中，再用甲醛缓冲吸收液稀释至标线，加入 6.0g/L 氨磺酸钠溶液 0.50mL，混匀。放置 10min 以除去氮氧化物的干扰，以下步骤同标准曲线的绘制。

五、数据处理

空气中二氧化硫的质量浓度按式（1-21）计算：

$$\rho(SO_2) = \frac{(A - A_0 - \alpha)}{bV_0} \times \frac{V_t}{V_a} \tag{1-21}$$

式中 $\rho(SO_2)$——空气中二氧化硫的质量浓度，mg/m^3；

A——样品溶液的吸光度；

A_0——试剂空白溶液的吸光度；

b——校准曲线的斜率，μg；

α——校准曲线的截距（一般要求小于 0.005）；

V_t——样品溶液的总体积，mL；

V_a——测定时所取试样的体积，mL；

V_0——换算为标准状态（273.15K，101.325kPa）的采样体积，L。

计算结果精确到小数点后 3 位。

六、注意事项

1. 采样时应检查采样系统的气密性、流量、温度等。
2. 样品采集、运输和贮存过程中应避免阳光照射。
3. 要根据采样季节选择适当的显色温度和显色时间。
4. 在恒温水浴中显色时，要使水浴水面高度超过比色管中液面的高度。

七、思考题

1. 实验过程中存在哪些干扰？应如何消除？
2. 测定空气中二氧化硫的方法有几种？各自有何特点？

 实验四　空气中臭氧的测定

一、实验目的和要求

1. 能够综合利用空气采样器及靛蓝二磺酸钠分光光度法测定空气中臭氧浓度，并根据数据评价大气环境质量。
2. 通过实验加深对光化学氧化剂的理解，进一步明确光化学烟雾的形成过程及臭氧的生成途径。

二、实验原理和方法

空气中的臭氧在磷酸盐缓冲溶液存在下，与吸收液中蓝色的靛蓝二磺酸钠等物质的量反应，褪色生成靛红二磺酸钠，在 610nm 处测量吸光度，根据蓝色减退的程度定量空气中臭氧的浓度。

三、实验仪器与试剂

1. 仪器

（1）空气采样器：流量范围为 0.0～1.0L/min，流量稳定。

（2）多孔玻板吸收管：内装 10mL 吸收液，以 0.50L/min 流量采气，玻板阻力应为 4～5kPa，气泡分散均匀。

（3）具塞比色管：10mL。

（4）生化培养箱或恒温水浴：温控精度为 ±1℃。

（5）水银温度计：精度为 ±0.5℃。

（6）分光光度计：具 20mm 比色皿，可于波长 610nm 处测量吸光度。

2. 试剂

（1）溴酸钾标准贮备溶液，$c(1/6KBrO_3)=0.1000mol/L$：准确称取 1.3918g 溴酸钾（优级纯，180℃烘 2h），置烧杯中，加入少量水溶解，移入 500mL 容量瓶中，用水稀释至标线。

（2）溴酸钾-溴化钾标准溶液，$c(1/6KBrO_3)=0.0100mol/L$：吸取 10.00mL 溴酸钾标准贮备溶液于 100mL 容量瓶中，加入 1.0g 溴化钾（KBr），用水稀释至标线。

（3）硫代硫酸钠标准贮备溶液：$c(Na_2S_2O_3)=0.1000mol/L$。

（4）硫代硫酸钠标准溶液，$c(Na_2S_2O_3)=0.00500mol/L$：临用前，取硫代硫酸钠标准贮备溶液用新煮沸并冷却到室温的水准确稀释 20 倍。

（5）硫酸溶液：1+6。

（6）淀粉指示剂溶液，$\rho=2.0g/L$：称取 0.20g 可溶性淀粉，用少量水调成糊状，慢慢倒入 100mL 沸水，煮沸至溶液澄清。

（7）磷酸盐缓冲溶液，$c(KH_2PO_4\text{-}Na_2HPO_4)=0.050mol/L$：称取 6.8g 磷酸二氢钾（$KH_2PO_4$）、7.1g 无水磷酸氢二钠（$Na_2HPO_4$），溶于水，稀释至 1000mL。

（8）靛蓝二磺酸钠（$C_{16}H_8O_8Na_2S_2$，简称 IDS）标准贮备溶液：称取 0.25g 靛蓝二磺酸钠溶于水，移入 500mL 棕色容量瓶内，用水稀释至标线，摇匀，在室温暗处存放 24h 后标定。此溶液在 20℃以下暗处存放可稳定 2 周。

标定方法：准确吸取 20.00mL IDS 标准贮备溶液于 250mL 碘量瓶中，加入 20.00mL 溴酸钾-溴化钾溶液，再加入 50mL 水，盖好瓶塞，在 16℃±1℃生化培养箱（或水浴）中放置至溶液温度与水浴温度平衡时，加入 5.0mL 硫酸溶液，立即盖塞、混匀并开始计时，于 16℃±1℃暗处放置 35min±1.0min 后，加入 1.0g 碘化钾，立即盖塞，轻轻摇匀至溶解，暗处放置 5min，用硫代硫酸钠标准溶液滴定至棕色刚好褪去呈淡黄色，加入 5mL 淀粉指示剂溶液，继续滴定至蓝色消退，终点为亮黄色。记录所消耗的硫代硫酸钠标准溶液的体积。

每毫升靛蓝二磺酸钠溶液相当于臭氧的质量浓度 ρ 由式（1-22）计算：

$$\rho = \frac{c_1 V_1 - c_2 V_2}{V} \times 12.00 \times 10^3 \tag{1-22}$$

式中　ρ——每毫升靛蓝二磺酸钠溶液相当于臭氧的质量浓度，$\mu g/mL$；

　　　c_1——溴酸钾-溴化钾标准溶液的浓度，mol/L；

　　　V_1——加入溴酸钾-溴化钾标准溶液的体积，mL；

　　　c_2——滴定时所用硫代硫酸钠标准溶液的浓度，mol/L；

　　　V_2——滴定时所用硫代硫酸钠标准溶液的体积，mL；

　　　V——IDS 标准贮备溶液的体积，mL；

　12.00——臭氧（$1/4 O_3$）的摩尔质量，g/mol。

（9）IDS 标准溶液：将标定后的 IDS 标准贮备液用磷酸盐缓冲溶液逐级稀释成每毫升相当于 $1.00\mu g$ 臭氧的 IDS 标准工作溶液，此溶液于 20℃ 以下暗处存放可稳定 1 周。

（10）IDS 吸收液：取适量 IDS 标准贮备液，根据空气中臭氧质量浓度的高低，用磷酸盐缓冲溶液稀释成每毫升相当于 $2.5\mu g$（或 $5.0\mu g$）臭氧的 IDS 吸收液，此溶液于 20℃ 以下暗处可保存 1 个月。

四、实验步骤

1. 采样

用内装 10.00mL±0.02mL IDS 吸收液的多孔玻板吸收管，罩上黑色避光套，以 0.5L/min 流量采气 5～30L。当吸收液褪色约 60％ 时（与现场空白样品比较），应立即停止采样。样品在运输及存放过程中应严格避光。当确信空气中臭氧的质量浓度较低，不会穿透时，可以用棕色玻板吸收管采样。

样品于室温暗处存放至少可稳定 3d。

用同一批配制的 IDS 吸收液，装入多孔玻板吸收管中，带到采样现场。除了不采集空气样品外，其他环境条件保持与采集空气的采样管相同。每批样品至少带两个现场空白样品。

2. 绘制标准曲线

取 6 支 10mL 具塞比色管，按表 1-5 制备标准色列。

表 1-5　臭氧标准色列

管号	1	2	3	4	5	6
IDS 标准溶液/mL	10.00	8.00	6.00	4.00	2.00	0
磷酸盐缓冲溶液/mL	0	2.00	4.00	6.00	8.00	10.00
臭氧质量浓度/($\mu g/mL$)	0	0.20	0.40	0.60	0.80	1.00

各管摇匀，用 20mm 比色皿，以水作参比，在波长 610nm 下测量吸光度。以校准系列中零浓度管的吸光度（A_0）与各标准色列管的吸光度（A）之差为纵坐标，臭氧质量浓度为横坐标，用最小二乘法计算校准曲线的回归方程：

$$y = bx + \alpha \tag{1-23}$$

式中　y——$A_0 - A$，空白样品的吸光度与各标准色列管的吸光度之差；

　　　x——臭氧质量浓度，$\mu g/mL$；

　　　b——回归方程的斜率，$mL/\mu g$；

　　　α——回归方程的截距。

3. 样品测定

采样后，在吸收管的入气口端串接一个玻璃尖嘴，在吸收管的出气口端用洗耳球加压将吸收管中的样品溶液移入 25mL（或 50mL）容量瓶中，用水多次洗涤吸收管，使总体积为 25.00mL（或 50.00mL）。用 20mm 比色皿，以水作参比，在波长 610nm 下测量吸光度。

五、数据处理

空气中臭氧的质量浓度按式（1-24）计算：

$$\rho(\mathrm{O}_3) = \frac{(A_0 - A - \alpha)V}{bV_0} \tag{1-24}$$

式中　$\rho(\mathrm{O}_3)$——空气中臭氧的质量浓度，mg/m^3；

　　　A_0——现场空白样品吸光度的平均值；

　　　A——样品的吸光度；

　　　b——标准曲线的斜率，$\mu g/mL$；

　　　α——标准曲线的截距；

　　　V——样品溶液的总体积，mL；

　　　V_0——换算为标准状态（273.15K，101.325kPa）的采样体积，L。

所得结果精确到小数点后三位。

六、注意事项

1. 空气中的二氧化氮、二氧化硫、过氧乙酰硝酸酯、氯气等干扰测量结果的准确性。

2. 市售 IDS 不纯，作为标准溶液使用时必须进行标定。用溴酸钾-溴化钾标准溶液标定 IDS 的反应，需要在酸性条件下进行，加入硫酸溶液后反应开始，加入碘化钾后反应即终止。为了避免副反应使反应定量进行，必须严格控制培养箱（或水浴）温度（16℃±1℃）和反应时间（35min±1.0min）。一定要等到溶液温度与培养箱（或水浴）温度达到平衡时再加入硫酸溶液，加入硫酸溶液后应立即盖塞，并开始计时。滴定过程中应避免阳光照射。

3. 本方法为褪色反应，吸收液的体积直接影响测量的准确度，所以装入采样管中吸收液的体积必须准确，最好用移液管加入。采样后向容量瓶中转移吸收液应尽量完全（少量多次冲洗）。装有吸收液的采样管，在运输、保存和取放过程中应防止倾斜或倒置，避免吸收液损失。

七、思考题

1.分析靛蓝二磺酸钠分光光度法测定空气中臭氧浓度的影响因素，并提出相应的控制方法。

2.结合理论知识及实验数据，简要说明空气中臭氧的主要来源是什么。

第三节 土壤环境监测

 实验一 土壤中有机氯农药的测定

一、实验目的和要求

1.能够根据待测物质的性质，选择适当的萃取方法，并选择合适的检测器。熟悉从土壤中提取有机污染物的技术方法及操作技能。

2.能够综合应用各种方法定性识别、判断有机物的种类，并能够进行定量分析。

二、实验原理和方法

有机氯农药是一类重要的持久性有机污染物，不仅会对动物的生命健康构成威胁，而且还会积累于植物体内，也会直接污染环境。常见的有机氯农药包括α-六六六、六氯苯、γ-六六六、β-六六六、δ-六六六、硫丹I、艾氏剂、硫丹Ⅱ、环氧七氯、外环氧七氯、o,p'-滴滴伊、α-氯丹、γ-氯丹、反式-九氯、p,p'-滴滴伊、o,p'-滴滴滴、狄氏剂、异狄氏剂、o,p'-滴滴涕、p,p'-滴滴滴、顺式-九氯、p,p'-滴滴涕、灭蚁灵等。

利用电子捕获检测器（ECD）对于负电极强的化合物具有较高灵敏度这一特点，可分别测出上述有机氯农药。土壤中的有机氯农药经提取、净化、浓缩、定容后，用具 ECD 的气相色谱仪检测。根据保留时间定性，外标法定量。

三、实验仪器与试剂

1.仪器

（1）气相色谱仪：具有电子捕获检测器（ECD），具分流/不分流进样口，可程序升温。

（2）色谱柱1：柱长 30m，内径 0.32mm，膜厚 0.25μm，固定相为 5%聚二苯基硅氧烷和95％聚二甲基硅氧烷，或其他等效的色谱柱。

（3）色谱柱2：柱长30m，内径0.32mm，膜厚0.25μm，固定相为14％聚苯基氰丙基硅氧烷和86％聚二甲基硅氧烷，或其他等效的色谱柱。

（4）提取装置：微波萃取装置、索氏提取装置、加压流体萃取装置或具有相当功能的设备，所有接口处严禁使用油脂润滑剂。

（5）浓缩装置：氮吹仪、旋转蒸发仪、K-D浓缩仪或具有相当功能的设备。

2. 试剂

除另有说明，分析时均使用符合国家标准的分析纯试剂。实验用水为新制备的纯水或蒸馏水。

（1）正己烷（C_6H_{14}）：色谱纯。

（2）丙酮（CH_3COCH_3）：色谱纯。

（3）二氯甲烷（CH_2Cl_2）：色谱纯。

（4）无水硫酸钠（Na_2SO_4）：优级纯。在马弗炉中450℃烘烤4h，冷却后置于具磨口塞的玻璃瓶中，并放干燥器内保存。

（5）丙酮-正己烷混合溶剂Ⅰ：1＋1。用丙酮和正己烷按1∶1的体积比混合。

（6）丙酮-正己烷混合溶剂Ⅱ：1＋9。用丙酮和正己烷按1∶9的体积比混合。

（7）有机氯农药标准贮备液：$\rho＝10\sim100mg/L$。购买市售有证标准溶液，在4℃下避光密闭冷藏保存，或参照标准溶液证书进行保存。使用时应恢复至室温并摇匀。

（8）有机氯农药标准使用液：$\rho＝1.0mg/L$。用正己烷稀释有机氯农药标准贮备液。在4℃下避光密闭冷藏，保存期为半年。

（9）硅酸镁固相萃取柱：市售，1000mg/6mL。

（10）石英砂：270～830μm（50～20目）。在马弗炉中450℃烘烤4h，冷却后置于具磨口塞的玻璃瓶中，并放干燥器内保存。

（11）硅藻土：37～150μm（400～100目）。在马弗炉中450℃烘烤4h，冷却后置于具磨口塞的玻璃瓶中，并放干燥器内保存。

（12）玻璃棉或玻璃纤维滤膜：在马弗炉中400℃烘烤1h，冷却后置于具磨口塞的玻璃瓶中密封保存。

（13）高纯氮气：纯度≥99.999％。

四、实验步骤

1. 样品的制备及水分的测定

除去样品中的异物（石子、叶片等），称取两份约10g（精确到0.01g）的样品。土壤样品一份用于测定干物质含量，另一份加入适量无水硫酸钠；研磨均化成流砂状脱水，如果使用加压流体萃取法提取，则用硅藻土脱水。土壤样品水分的测量按照HJ 613—2011执行。

2. 试样制备

微波萃取：将样品全部转移至萃取罐中，加入30mL丙酮-正己烷混合溶剂Ⅰ，设置萃取温度为110℃，微波萃取10min。离心或过滤后收集提取液。

索氏提取：将样品全部转移至索氏提取器纸质套筒中，加入100mL丙酮-正己烷混合溶剂Ⅰ，提取16～18h，回流速度约3～4次/h。离心或过滤后收集提取液。

脱水：在玻璃漏斗上垫一层玻璃棉或玻璃纤维滤膜，铺加约5g无水硫酸钠，然后将提取液经漏斗直接过滤到浓缩装置中，再用约5～10mL丙酮-正己烷混合溶剂Ⅰ充分洗涤盛装提取液的容器，经漏斗过滤到上述浓缩装置中。

浓缩：使用氮吹仪在45℃以下将脱水后的提取液浓缩到1mL，待净化。如需更换溶剂体系，则将提取液浓缩至1.5～2.0mL后，用5～10mL正己烷置换，再将提取液浓缩到1mL，待净化。

净化：用约8mL正己烷洗涤硅酸镁固相萃取柱，保持硅酸镁固相萃取柱内吸附剂表面浸润。用吸管将浓缩后的提取液转移到硅酸镁固相萃取柱上停留1min后，弃去流出液。加入2mL丙酮-正己烷混合溶剂Ⅱ并停留1min，用10mL小型浓缩管接收洗脱液，继续用丙酮-正己烷混合溶剂Ⅱ洗涤萃取柱，至接收的洗脱液体积到10mL为止。

浓缩定容：将净化后的洗脱液按浓缩的步骤浓缩并定容至1.0mL，再转移至2mL样品瓶中，待分析。

3. 空白试样制备

用石英砂代替实际样品，按与试样制备的相同步骤制备空白试样。

4. 气相色谱仪测试条件（推荐）

进样口温度：220℃；

进样方式：不分流进样至0.75min后打开分流，分流出口流量为60mL/min；

载气：高纯氮气，2.0mL/min，恒流；

尾吹气：高纯氮气，20mL/min；

柱温升温程序：初始温度100℃，以15℃/min升温至220℃，保持5min，以15℃/min升温至260℃，保持20min；

检测器温度：280℃；

进样量：1.0μL。

5. 标准曲线的绘制

分别量取适量的有机氯农药标准使用液，用正己烷稀释，配制标准系列，有机氯农药的质量浓度分别为5.0μg/L、10.0μg/L、20.0μg/L、50.0μg/L、100μg/L、200μg/L和500μg/L（此为参考浓度）。按仪器测试条件由低浓度到高浓度依次对标准系列溶液进行进样、检测，记录目标物的保留时间、峰高或峰面积。以标准系列溶液中目标物浓度为横坐标，以其对应的峰高或峰面积为纵坐标，建立标准曲线。

标准曲线要求：标准曲线的相关系数≥0.995，每20个样品或每批次（少于20个样品/批）应分析一个曲线中间浓度点标准溶液，其测定结果与初始曲线在该点测定浓度的相对偏差应≤20%，否则应重新绘制标准曲线。

6. 试样和空白试样的测定

按照与标准曲线绘制相同的仪器分析条件进行试样和空白试样的测定。

五、数据处理

1. 定性分析

采用色谱柱 1，根据目标物的保留时间定性。样品分析前，应建立保留时间窗口 $t\pm 3S$，t 为 72h 内标准系列溶液中某目标物保留时间的平均值，S 为标准系列溶液中某目标物保留时间平均值的标准偏差。当分析样品时，目标物保留时间应在保留时间窗口内。

当分析色谱柱 1 上有目标物检出时，须用另一根极性不同的色谱柱 2 辅助定性。目标物在双柱上均检出时，视为检出，否则视为未检出。

2. 定量分析

根据建立的标准曲线，按照目标物的峰面积或峰高，采用外标法定量，如式（1-25）所示：

$$\text{土壤样品中有机氯农药目标物含量}=\frac{\rho V}{mW} \tag{1-25}$$

式中　ρ——由标准曲线计算所得目标物的浓度，$\mu g/mL$；

　　V——试样定容体积，mL；

　　m——称取样品的质量，mg；

　　W——土壤样品中干物质含量，$\%$。

当测定结果小于 $1.00\mu g/kg$ 时，结果保留 2 位有效数字；当测定结果大于等于 $1.00\mu g/kg$ 时，结果保留 3 位有效数字。

六、注意事项

1. 实验中所用试剂为有毒物质，样品制备过程应在通风橱中进行，必要时佩戴防护器具。

2. 每批次（少于 20 个样品）或每 20 个样品至少分析一个平行样和一个实验室空白，单次平行样品测定结果的相对偏差应在 20% 以内，空白中目标物的测定值应低于方法的检出限。

七、思考题

1. 如何根据待测物质的性质选择合适的检测器？
2. 结合理论知识，简要说明有机氯农药有哪些危害。

 实验二　土壤中铅元素的测定

一、实验目的和要求

1. 掌握土壤消解的方法及操作技能，能够描述消解过程，并根据测定金属选择合适的消解试剂。

2.能够运用原子吸收分光光度计测定金属元素含量，分析判断各种方法的优缺点。

二、实验原理和方法

土壤经酸消解后，试样中的铅在空气-乙炔火焰中原子化，其基态原子对铅的特征谱线产生选择性吸收，吸收强度在一定范围内与铜、锌、铅、镍和铬的浓度成正比。

三、实验仪器与试剂

1. 仪器

（1）火焰原子吸收分光光度计。

（2）铅空心阴极灯。

（3）温控电热板消解仪，温控精度±5℃。

（4）聚四氟乙烯坩埚：50mL。

（5）分析天平：感量为0.1mg。

（6）一般实验室常用器皿和设备。

2. 试剂

（1）盐酸：优级纯。

（2）硝酸：优级纯。

（3）氢氟酸：优级纯。

（4）高氯酸：优级纯。

（5）硝酸溶液：1+1。

（6）硝酸溶液：1+99。

（7）金属铅：光谱纯。

（8）铅标准贮备液：$\rho(Pb)=1000mg/L$。

称取1g（精确到0.1mg）金属铅，用30mL硝酸溶液（1+1）加热溶解，冷却后用水定容至1L。贮存于聚乙烯瓶中，4℃以下冷藏保存，有效期两年。也可直接购买市售有证标准溶液。

（9）铅标准使用液：$\rho(Pb)=100mg/L$。

准确移取铅标准贮备液10.00mL于100mL容量瓶中，用硝酸溶液（1+99）定容至标线，摇匀。贮存于聚乙烯瓶中，4℃以下冷藏保存，有效期一年。

（10）燃气：乙炔，纯度≥99.5%。

（11）助燃气：空气，进入燃烧器前应除去其中的水、油和其他杂质。

四、实验步骤

1. 土样制备

将采集的土壤样品（一般不少于500g）混匀后用四分法缩分至约100g。缩分后的土样经风干（自然风干或冷冻干燥）后，除去土样中石子和动植物残体等异物，用木棒（或玛瑙棒）研压，通过 2mm 尼龙筛（除去 2mm 以上的砂砾），混匀。用玛瑙研钵将通过 2mm 尼龙筛的土样研磨至全部通过 100 目（孔径 0.149mm）尼龙筛，混匀后备用。同时按照 HJ 613—2011 测定土壤水分。

2.土样消解

称取 0.2～0.3g（精确至 0.1mg）土壤样品于 50mL 聚四氟乙烯坩埚中，用水润湿后加入 10mL 盐酸，于通风橱内电热板上 90～100℃加热，使样品初步分解，待消解液蒸发至剩余约 3mL 时，加入 9mL 硝酸，加盖加热至无明显颗粒，加入 5～8mL 氢氟酸，开盖，于 120℃加热飞硅 30min，稍冷，加入 1mL 高氯酸，于 150～170℃加热至冒白烟，加热时应经常摇动坩埚。若坩埚壁上有黑色炭化物，加入 1mL 高氯酸加盖继续加热至黑色炭化物消失，再开盖，加热赶酸至内容物呈不流动的液珠状（趁热观察）。加入 3mL 硝酸溶液，温热溶解可溶性残渣，全量转移至 25mL 容量瓶中，用硝酸溶液定容至标线，摇匀，保存于聚乙烯瓶中，静置，取上清液待测。于 30d 内完成分析。

3.空白试样的制备

用石英砂代替实际样品，按照土壤消解相同的步骤进行空白试样的制备。

4.试样和空白试样吸光度的测定

按照原子吸收分光光度计仪器使用说明书，调节仪器至最佳工作条件，测定试样和空白试样的吸光度。

5.标准曲线绘制

取 6 个 100mL 容量瓶，分别加入铅标准使用液 0.00mL、0.50mL、1.00mL、5.00mL、8.00mL 和 10.00mL，加硝酸溶液（1＋99）定容至标线，摇匀。溶液中铅质量浓度分别为 0.00mg/L、0.50mg/L、1.00mg/L、5.00mg/L、8.00mg/L 和 10.0mg/L。按照样品测定条件，依次从低浓度到高浓度测定标准系列的吸光度，以铅溶液的质量浓度为横坐标，相应的吸光度为纵坐标，建立标准曲线。

五、数据处理

土壤中铅的质量分数 w_i，按照式（1-26）进行计算：

$$w_i = \frac{(\rho - \rho_0)V}{m(1-f)} \tag{1-26}$$

式中　w_i——土壤中铅的质量分数，mg/kg；

　　　ρ——试样中铅的质量浓度，mg/L；

　　　ρ_0——空白试样中铅的质量浓度，mg/L；

　　　V——土壤消解后试样定容体积，mL；

　　　m——土壤样品的称样量，g；

　　　f——土壤样品的水分含量，%。

当测定结果小于 100mg/kg 时，结果保留至整数位；当测定结果大于或等于 100mg/kg

时，结果保留三位有效数字。

六、注意事项

1.样品消解时应注意各种酸的加入顺序。

2.空白试样制备时的加酸量要与试样制备时的加酸量保持一致。

3.若样品基体复杂，可适当提高试样酸度，同时应注意标准曲线的酸度与试样酸度保持一致。

4.对于基体复杂的土壤或沉积物样品，测定时需采用仪器背景校正功能。

七、思考题

土壤中镉元素分析方法有哪些？各种分析方法有哪些优缺点？

第二章

环境工程微生物学实验

第一节 微生物学基础实验

 实验一 普通光学显微镜的使用及微生物形态观察

一、实验目的和要求

1. 掌握普通光学显微镜的使用原理，熟悉其结构和具体操作。

2. 仔细观察微生物标本片，了解各类微生物的细胞形态。

3. 通过观察微生物培养液、活性污泥混合液、富营养化水体等样品中的微生物，了解各种微生物活细胞形态，进一步理解水质和微生物种类之间的关系。

普通光学显微镜的使用及微生物形态观察（理论）

二、实验原理

显微镜是观察微观世界的重要工具，它在微生物学、细胞生物学、组织学、病理学及其他有关学科的教学研究工作中有着极为广泛的用途。普通光学显微镜是微生物实验中最常用的仪器，它利用目镜和物镜两组透镜系统来放大成像，故又被称为复式显微镜。普通光学显微镜主要由机械系统和光学系统两部分构成，构造如图2-1所示。机械系统包括镜臂、载物台、粗/细准焦螺旋、物镜转换器等，光学系统则主要包括光源、聚光器、物镜和目镜等。

普通光学显微镜的核心是光学系统。在光学系统中，物镜的性能最为关键，它直接影响显微镜的重要参数——分辨率。分辨率（D）是指显微镜能清楚分辨两点之间的最小距离，分辨率越小，分辨力越高。从物理角度看，光学显微镜的分辨率受光的波长和物镜的性能限制，可表示为式（2-1）：

$$D = \frac{\lambda}{2\mathrm{NA}}$$

(2-1)

式中　λ——光源光波波长；

　　NA——物镜的数值孔径。

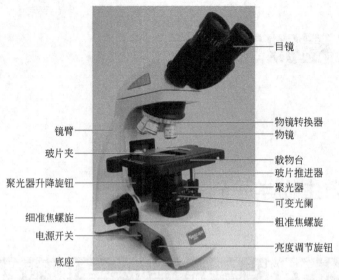

图 2-1　普通光学显微镜构造示意图

普通光学显微镜中光源是可见光，波长在 $0.4\sim0.7\mu m$ 之间，因此分辨率主要取决于物镜的数值孔径 NA，而 NA 则与物镜工作时的镜口角（θ）以及样品和物镜之间介质的折射率（n）有关，如式（2-2）所示：

$$NA=n\sin\frac{\theta}{2} \tag{2-2}$$

40 倍和 10 倍物镜工作时，介质为空气，n 为 1，θ 相对较小，NA 较小，分别为 0.25 和 0.65。100 倍物镜（油镜）工作时，介质为香柏油，其折射率为 1.52，镜口角 θ 最大，所以油镜具有更大数值孔径（1.25）。若以可见光的平均波长 $0.55\mu m$ 来计算，数值孔径为 0.65 左右的高倍镜的分辨率为 $0.4\mu m$，而油镜的分辨率可以达到 $0.2\mu m$ 左右，因此油镜可以看清楚更小的微生物。

显微镜还有另外一个重要参数是放大倍数，其等于目镜放大倍数与物镜放大倍数的乘积。

三、实验器材

1. 仪器

普通光学显微镜。

2. 微生物标本片

细菌三型片、青霉、曲霉、酵母菌、衣藻、草履虫等。

3. 样品液

活性污泥混合液、富营养化水体样品、微生物培养液等。

4. 试剂耗材

载玻片、盖玻片、擦镜纸、香柏油、滴管、无水乙醚、吸水纸、镊子等。

四、实验步骤

1. 样品准备

微生物标本片可以直接观察。微生物样品液可以通过压滴法（图2-2）制作成水浸片进行观察。

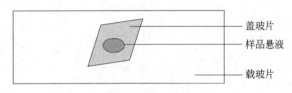

普通光学显微
镜的使用及微
生物形态观察
（操作）

图2-2　压滴法示意图

2. 观察前准备

（1）右手握住镜臂，左手托住镜座，将显微镜放置在实验台上，以镜座离实验台边缘约10cm为宜。

（2）连上电源，打开电源开关，调节亮度旋钮至电源灯亮起。

（3）调节双筒显微镜的目镜间距，使得双眼的视野重合。

3. 显微镜观察

一般情况下，特别是初学者，进行显微镜观察时要遵守从低倍镜到高倍镜再到油镜的观察程序，因为低倍镜视野相对大，容易发现目标。

（1）低倍镜观察：标本玻片置于载物台上，用标本夹固定，调节载物台使得观察对象处于物镜的正下方。调节物镜转换器，使得低倍镜进入工作状态。用粗准焦螺旋慢慢升起载物台，当标本片与低倍镜镜头相距约0.5cm时，在目镜上观察，同时慢慢转动粗准焦螺旋使载物台下降，直至视野中出现物像为止，再转动细准焦螺旋，使视野中的物像最清晰。

如果需要观察的物像不在视野中央，甚至不在视野内，可用玻片推进器前后、左右移动标本的位置，使物像进入视野并移至中央。在调焦时如果镜头与玻片标本的距离已超过了1cm还未见到物像时，应按上述步骤重新操作。

（2）高倍镜观察：低倍镜找到目标后，将观察对象移至视野中央，同时调节细准焦螺旋使被观察物像最清晰。转动物镜转换器，将高倍镜调节至工作状态，根据物镜的同焦现象，视野中一般可见到物像，再调节细准焦螺旋，可使物像清晰。

（3）油镜观察：在高倍镜下将观察目标移至视野中央，将高倍镜镜头转离工作状态，在样品区域滴加一滴香柏油，将油镜镜头转至工作状态（切不可将高倍镜转动经过加有镜油的区域），油镜的下端一般应正好浸在油滴中。调节聚光器至最高位置并开足光圈，双眼注视目镜，小心而缓慢地转动细准焦螺旋，直至视野中出现清晰的物像，仔细观察标本并记录所观察的结果。

4.显微镜用毕后处理

油镜使用完毕后，要清理镜头，先用擦镜纸擦去镜头上的油，再用擦镜纸蘸上少许二甲苯或者无水乙醚擦去残留油迹，最后再用干净的擦镜纸擦拭。如果使用过程中高倍镜也碰到了油，必须用同样的方法擦拭高倍镜。

将显微镜各部分还原，将光源亮度调节至最低后关闭，将最低放大倍数的物镜转到工作位置，将载物台降至最低，降下聚光器，切断电源。

五、实验结果及数据处理

绘制所观察的目标微生物的细胞形态。

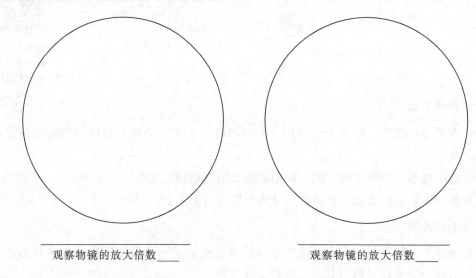

观察物镜的放大倍数＿＿＿　　　　　　　观察物镜的放大倍数＿＿＿

六、思考题

1.油镜观察时应该注意哪些问题？在样品和镜头之间滴加香柏油有什么用？

2.什么是物镜同焦现象？有什么意义？

3.影响显微镜分辨率的因素有哪些？

4.要使得普通光学显微镜的视野明亮，可采取哪些措施？

 实验二　细菌的革兰氏染色

一、实验目的和要求

1.掌握细菌革兰氏染色法，阐释革兰氏染色原理，能对染色过程中出现的问题进行初步分析和判断。

2.掌握细菌制片方法，注意培养无菌操作意识，进一步巩固显微镜技术。

二、实验原理

革兰氏染色法是 1884 年由丹麦病理学家 Christain Gram 创立的，是细菌学中重要的鉴别染色法。革兰氏染色法将细菌分为革兰氏阳性菌和革兰氏阴性菌两类，是由这两类细菌细胞壁的结构和成分不同决定的。当用结晶紫初染后，所有细菌都被染成初染剂的蓝紫色。碘作为媒染剂，能与结晶紫结合成结晶紫-碘复合物，从而增强了染料与细菌的结合力。当用脱色剂处理时，两类细菌的脱色效果是不同的。革兰氏阳性细菌的等电点低（2～3），能结合更多的碱性染料，且细胞壁肽聚糖含量高，交联度高，壁厚，类脂质含量低，用乙醇（或丙酮）脱色时因细胞壁脱水使肽聚糖层的网状结构孔径缩小，透性降低，从而使结晶紫-碘复合物不易被洗脱而保留在细胞内，经脱色和复染后仍保留初染剂的蓝紫色。革兰氏阴性菌则相反，由于其等电点较高（4～5），结合的碱性染料少，且细胞壁肽聚糖层较薄，交联度低，类脂含量高，所以当脱色处理时，类脂质被乙醇（或丙酮）溶解，细胞壁透性增大，使结晶紫-碘复合物比较容易被洗脱出来，用复染剂复染后，细胞被染上复染剂的红色。

三、实验器材

1.仪器

普通光学显微镜、恒温培养箱、吹风机。

2.菌种

大肠埃希菌（*Escherichia coli*）12～16h 斜面培养物，金黄色葡萄球菌（*Staphylococcus aureus*）12～16h 斜面培养物。

3.试剂耗材

草酸铵结晶紫染液、卢戈氏碘液、95％乙醇、番红复染液、无菌生理盐水、无水乙醚、香柏油、酒精灯、载玻片、擦镜纸、吸水纸、滴管、接种环等。

四、实验步骤

1.细菌制片

（1）涂片：取一块洁净的载玻片，正面做记号。滴 1 滴无菌生理盐水于载玻片中央，在酒精灯旁用接种环通过无菌操作从试管斜面上挑取适量菌苔，于生理盐水中涂抹，使得菌悬液在载玻片上形成均匀薄膜。若用液体培养物涂片时，可用接种环蘸取 1～2 环菌液直接涂于载玻片上。

（2）干燥：将细菌涂片自然干燥或者用吹风机干燥。

（3）固定：细菌涂片涂面朝上，通过酒精灯火焰 2～3 次（以玻片不烫手为宜），使得菌体完全固定在载玻片上。但是不宜在高温下长时间烤干，会使菌体变形。

2.革兰氏染色

（1）初染：滴加草酸铵结晶紫染液，以刚好将菌膜覆盖为宜，染色 1～2min 后倾去染液，水洗至流出水无色。

（2）媒染：用卢戈氏碘液冲去残水，并用碘液覆盖约 1～2min，倾去碘液，水洗至流出水无色。

（3）脱色：用吸水纸吸去玻片上的残水，将玻片倾斜，在白色背景下，用滴管流加 95％的乙醇脱色（一般 20～30s），至流出液无色时，立即水洗。

（4）复染：用吸水纸吸去玻片上的残水，用番红染液复染约 2～3min，水洗，吸去残水晾干或吹风机干燥。

3.镜检

遵循从低倍镜到高倍镜到油镜的观察方法，仔细观察细菌在油镜下的染色结果和形态，并记录。

4.显微镜用毕后处理

按照本章节实验一的实验步骤 4 来处理。

五、实验结果及数据处理

1.绘出油镜下细菌的形态图。

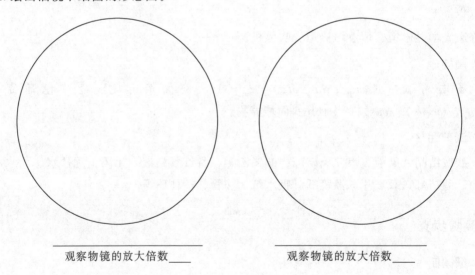

观察物镜的放大倍数____　　　　　　　　　　观察物镜的放大倍数____

2.将镜检观察到的染色结果填入表 2-1。

表 2-1　结果记录表

菌种	菌体颜色	细菌形态	染色结果

六、思考题

1. 你的染色结果是否正确？请分析哪些因素会影响染色结果。

2. 现有一株未知杆菌，个体大小明显大于大肠埃希菌，请你鉴定该菌是革兰氏阳性菌还是革兰氏阴性菌，如何确定染色结果的正确性。

3. 革兰氏染色中，乙醇脱色后番红复染之前，革兰氏阳性菌和革兰氏阴性菌应分别是什么颜色？

 实验三　微生物大小测定和显微计数

一、实验目的和要求

1. 通过实验过程，理解测微尺测定微生物大小的原理，对微生物细胞的大小有更直观的认识。

2. 通过实验过程，学习并掌握血细胞计数板测定微生物细胞数量的原理和方法，并能将其应用于实际环境工程的相关问题中。

微生物大小
测定和显微
计数（理论）

二、实验原理

1. 微生物大小测定

微生物细胞的大小是微生物重要的形态特征之一。微生物细胞大小的测定需借助特殊的测量工具——测微尺。测微尺包括目镜测微尺和镜台测微尺。

目镜测微尺［图 2-3（a）］是一块可放入目镜内的圆形玻片，其中央有精确的等分刻度，一般有等分为 50 小格和 100 小格两种。测量时，将其放在接目镜中的隔板上，来测量经显微镜放大后的细胞物象。由于不同目镜、物镜组合的放大倍数不相同，目镜测微尺每格实际表示的长度也不一样，因此目镜测微尺测量微生物大小时，须先用镜台测微尺校正，以求出在一定放大倍数下，目镜测微尺每小格所代表的实际长度。测量时根据微生物细胞占有目镜测微尺的格数，即可计算出细胞的实际大小。

镜台测微尺［图 2-3（b）］是中央部分刻有精确等分线的载玻片，标尺总长度为 1mm，等分为 10 个大格，每大格又分为 10 小格，共 100 小格，每小格长 $10\mu m$（即 0.01mm）。其外有一圆环，便于找到镜台测微尺的位置。镜台测微尺并不是直接用来测定细胞大小的，而是专门用来校正目镜测微尺每小格的相对长度。

2. 显微计数

显微镜直接计数法是将少量待测样品的悬液置于一种特制的具有确定面积和容积的载玻片上（又称计菌器），于显微镜下直接计数的一种简便、快速、直观的方法。目前国内外常用的计菌器有：血细胞计数板、Peteroff-Hauser 计菌器以及 Hawksley 计菌器等，计数基本原理相同。其中血细胞计数板较厚，不能使用油镜，常用于个体相对较大的细胞计数，

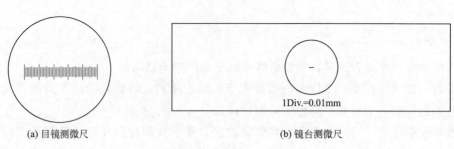

(a) 目镜测微尺

(b) 镜台测微尺

图 2-3 测微尺示意图

例如霉菌孢子、酵母菌、藻类、原生动物等。

血细胞计数板是一块特制的载玻片，其上由 4 条槽构成 3 个平台，中间较宽的平台又被一短横槽隔成两半，每一边的平台上各列有一个方格网，每个方格网共分为九个大方格，中间的大方格即为计数室。血细胞计数板构造如图 2-4 所示。计数室的刻度一般有两种规格，一种是一个大方格分成 25 个中方格，而每个中方格又分成 16 个小方格（图 2-5）；另一种是一个大方格分成 16 个中方格，而每个中方格又分成 25 个小方格，但无论是哪一种规格的计数板，每一个大方格中的小方格都是 400 个。每一个大方格边长为 1mm，则每一个方格的面积为 $1mm^2$，盖上血盖片后，血盖片与计数板之间的高度为 0.1mm，所以计数室的容积为 $0.1mm^3$（$10^{-4}mL$）。

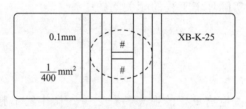

图 2-4 血细胞计数板示意图

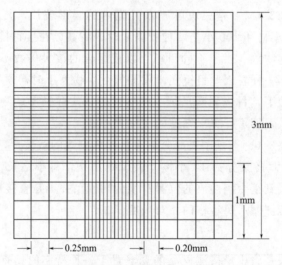

图 2-5 血细胞计数板计数室（25×16）

计数时，通常数五个中方格的总菌数，然后求得每个中方格的平均值，再乘 25 或 16，就得出一个大方格中的总菌数，然后再换算成 1mL 菌液中的总菌数。以 25 个中方格的计数板为例，设 5 个中方格中的总菌数为 A，菌液稀释倍数为 B，则 1mL 菌液中的总菌数（个/mL）如式（2-3）所示：

$$1mL\ 菌液中的总菌数 = \frac{A}{5} \times 25 \times 10^4 \times B \qquad (2\text{-}3)$$

式中 A——方格中的总菌数；

       B——菌液稀释倍数。

三、实验器材

1. 仪器

普通光学显微镜、目镜测微尺、镜台测微尺、血细胞计数板。

2. 菌种

酿酒酵母菌悬液。

3. 试剂耗材

吕氏碱性美蓝溶液、滴管、载玻片、盖玻片、血盖片、吸水纸等。

四、实验步骤

微生物大
小测定和
显微计数
（操作）

1. 微生物大小测定

（1）目镜测微尺安装

取出目镜，把目镜上的透镜旋下，将目镜测微尺刻度朝下放在目镜镜筒内的隔板上，然后旋上目镜透镜，再将目镜插回镜筒内。

（2）目镜测微尺校正

将镜台测微尺刻度面朝上放在载物台上。先用低倍镜观察，找到镜台测微尺，调节清晰后，转动目镜使目镜测微尺的刻度与镜台测微尺的刻度平行（图 2-6）。利用玻片推进器移动镜台测微尺，使两尺最左边的刻度线完全重合，然后去找出其他重合的刻度线，选择距离较远的重合刻度线，分别数出两条重合线之间目镜测微尺和镜台测微尺所占的格数。由于已知镜台测微尺每小格代表的长度是 $10\mu m$，可知两重合线之间的实际长度，根据式（2-4）计算在此放大倍数下目镜测微尺每格代表长度（μm）。

$$目镜测微尺每格长度 = \frac{两重合线镜台测微尺格数 \times 10}{两重合线间目镜测微尺格数} \qquad (2\text{-}4)$$

用同样的方法换成高倍镜进行校正，可得到高倍镜下目镜测微尺实际代表的长度。校正完毕后，取下镜台测微尺。目镜测微尺校正结果记录在表 2-2 中。

（3）酵母菌制片

取一块洁净的载玻片，在中央区域滴上一小滴吕氏碱性美蓝染液，在试管中取合适浓度的一小滴酵母菌菌悬液，通过压滴法制备酵母菌水浸片，静置 3min。

（4）菌体大小测定

将酵母菌制片置于载物台上，先在低倍镜下找到酵母菌细胞，转动物镜转换器，将高

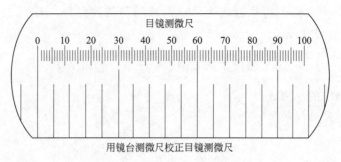

图 2-6　目镜测微尺校正示意图

倍镜转至工作状态，观察高倍镜下酵母的细胞形态及染色情况。通过转动目镜测微尺和移动载玻片，测出酵母菌细胞长和宽所占的目镜测微尺格数，记录在结果表（表 2-3）中，最后换算成菌体细胞的实际大小。

2. 显微计数

（1）血细胞计数板镜检

加样前，对血细胞计数板的计数室进行镜检，在高倍镜下找到中方格，如有污物，可用水冲洗，再用 95% 乙醇棉球轻轻擦拭，待干。计数板上的计数室刻度精细，清洗时勿用刷子或者手。

（2）加样品

将清洁干燥的血细胞计数板盖上血盖片，用滴管将摇匀的酿酒酵母菌悬液由血盖片边缘滴一小滴，让菌液沿缝隙靠毛细渗透作用自动进入计数室，用镊子轻压血盖片，以免菌液过多改变计数室的容积。静置 5min，使得细胞自然沉降。

（3）计数

将加有样品的血细胞计数板置于载物台上，先用低倍镜找到计数室所在位置，再换成高倍镜进行计数。一般样品稀释度以每个中方格中有 20~30 个细胞左右为宜。每个计数室选择 5 个中方格进行计数，位于格线上的细胞只数上方和右边线的。计数一个样品要重复 2~3 次。计数结果记录在表 2-4 中。

（4）清洗血细胞计数板

使用完毕后，将血细胞计数板进行清洗干燥，放回盒中。

五、实验结果及数据处理

1. 微生物大小测定结果

表 2-2　目镜测微尺校正结果

物镜倍数	目镜测微尺格数	镜台测微尺格数	目镜测微尺每格代表长度/μm

表 2-3　酵母菌大小测定记录

尺度	1	2	3	4	5	平均格数	实际测量值/μm
长度							
宽度							

酵母菌平均大小为：_____。

2.显微计数结果

表 2-4　显微计数结果

计数室	各中方格菌细胞数					每个中方格细胞平均数	稀释度	菌数/mL
	1	2	3	4	5			
第 1 室								
第 2 室								

六、思考题

1.为什么更换不同放大倍数的目镜或者物镜时，必须用镜台测微尺重新对目镜测微尺进行校正？

2.试分析影响微生物显微计数实验结果的误差来源并提出改进措施。

实验四　微生物培养基的配制及灭菌

一、实验目的和要求

1.通过本实验，掌握培养基配制的基本步骤和注意事项，并具备解决培养基配制过程中出现常规问题的能力。

2.通过本实验，了解高压蒸汽灭菌锅的使用方法，深刻认识实验安全的重要性。

二、实验原理

微生物培养基的配制及灭菌（理论）

培养基是人工配制的适合微生物生长繁殖或者累积代谢产物的混合营养基质，用以培养、分离、鉴定、保存各种微生物或积累代谢产物。培养基一般含有微生物生长所需的碳源、氮源、无机盐、生长因子、水等。不同的微生物对 pH 值要求不一样，所以配制培养基时，要根据不同微生物的要求将 pH 值调至合适的范围。由于配制培养基的各类营养物质和容器都含有微生物，因此配制好的培养基必须要立即灭菌。

微生物培养基的种类繁多，按照成分不同，可分为天然培养基、组合培养基和半组合培养基。按培养基物理性质不同，可分为固体培养基、液体培养基和半固体培养基。按不同用途可分为基础培养基、选择培养基、鉴别培养基、种子培养基、发酵培养基等。不同微生物的培养基配方和配制方法各有差异，但是一般配制过程大致相同。

三、实验器材

1. 仪器

高压蒸汽灭菌锅、电炉。

2. 试剂

牛肉膏、蛋白胨、氯化钠、马铃薯、蔗糖、0.1mol/L HCl、0.1mol/L NaOH。

3. 耗材

铝锅、量筒、玻璃棒、分装器、pH 试纸、棉花、牛皮纸、麻绳、记号笔、纱布、药匙、三角烧瓶、试管等。

四、实验步骤

微生物培养基
的配制及灭菌
（操作一）

1. 牛肉膏蛋白胨培养基配制（培养细菌常用的基础培养基）

配方：牛肉膏 3.0g，蛋白胨 10.0g，NaCl 5.0g，水 1000mL，琼脂 15～20g。调 pH 值为 7.2～7.4。

微生物培养基
的配制及灭菌
（操作二）

（1）称量：按培养基配方准确称取牛肉膏、蛋白胨、NaCl 放入铝锅中。牛肉膏黏稠，用玻璃棒挑取到称量纸上，稍微加热溶解后，牛肉膏与纸会分离，将称量纸挑出。蛋白胨很容易吸湿，称取时动作要快。

（2）溶解：在铝锅中加入适量自来水（普通培养基用自来水即可），用玻璃棒搅匀，加热溶解各种营养物质。

（3）定容：补足水到所需体积。

（4）调节 pH 值：用 pH 计或精密 pH 试纸测量培养基初始 pH 值，如果偏酸，则滴加 0.1mol/L NaOH，边加边搅，并随时用 pH 试纸测定，直至达到合适的 pH 值。反之，用 0.1mol/L HCl 进行调节。注意 pH 值要避免回调。

（5）熔化琼脂：煮沸后加琼脂，一直搅拌至琼脂完全熔化（如果是液体培养基，则这一步略）。

（6）趁热分装：将配制好的培养基趁热用分装器分装入试管或者三角烧瓶内（图 2-7）。液体培养基分装入试管时一般装液量为试管的 1/4，固体培养基分装入试管时装入量不超过试管的 1/5，装入三角烧瓶时一般不超过三角烧瓶容积的 2/3。

（7）加塞：培养基分装完毕后，在试管口或者三角烧瓶口塞上棉塞或者硅胶塞等，以阻止外界微生物进入培养基而造成污染。

（8）包扎：培养基加塞后，用牛皮纸或者报纸进行包扎，三角烧瓶单独包扎，试管几支包扎成一捆，标记好培养基的名称、组别、配制时间等。

（9）灭菌：将培养基置于灭菌锅内，121℃（0.1MPa）灭菌 15～20min。

（10）摆斜面：试管如需制成斜面，待冷却至60℃左右（灭菌后直接摆斜面会产生较多冷凝水），按照图2-8摆放，斜面长度以试管长度的1/2为宜。

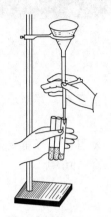

图 2-7　培养基分装

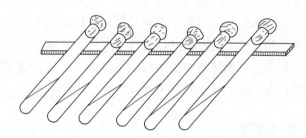

图 2-8　试管斜面摆放

2.马铃薯培养基配制（培养真菌常用的基础培养基）

配方：去皮马铃薯200g，蔗糖20.0g，水1000mL，琼脂15～20g。pH值自然。

（1）马铃薯切块煮沸：马铃薯去皮切小块（1cm³左右），按培养基配方称取去皮马铃薯放入铝锅中，煮沸15min，用四层纱布过滤，收集滤液，补水定容。

（2）溶解：加入一定量蔗糖，充分溶解，如果配制的是固体培养基，则还需加入琼脂，不断搅拌直至琼脂完全熔化。

（3）定容：补足水定容到所需体积。

后面步骤同牛肉膏蛋白胨培养基配制的第（6）～（10）步。

五、实验结果及数据处理

1.记录所配制培养基的外观状态，包括颜色、透明度、物理状态等。

2.分析所配制的培养基（从营养要素和培养基种类角度分析）。

六、思考题

1.培养基配制时需要注意哪些问题？

2.如何检查培养基灭菌是否彻底？

3.高压蒸汽灭菌锅使用过程有哪些注意事项？

实验五　微生物的分离纯化和培养

一、实验目的和要求

1.通过本实验，学生认识到平板分离纯化技术在微生物实验中的重要性，并对不同平板分离纯化技术的特点和适用范围有进一步了解。

2.要求学生熟练掌握倒平板、平板涂布、梯度稀释、平板划线、无菌操作等重要微生物实验技术，并能尝试对微生物分离纯化过程中产生的问题进行初步分析和解决。

二、实验原理

从混杂的微生物群体中获得某一纯种微生物的过程称为微生物的分离与纯化，是研究微生物形态、生理生化、遗传变异等重要规律的基础。平板分离技术是微生物分离纯化的常用方法，主要包括平板划线分离法、稀释涂布平板法和浇注平板法。

平板划线分离法是指利用接种环把混杂在一起的微生物或同一微生物群体中的不同细胞在培养基表面进行划线稀释，从而得到独立分布的单个细胞，经培养后形成单菌落，达到分离纯化的目的。其原理是将微生物样品在固体培养基表面多次做"由线到点"稀释。

稀释涂布平板法是指取少量梯度稀释的样品悬液（一般为 0.1~0.5mL），置于无菌平板表面，然后用无菌涂布棒把菌液均匀地涂布在无菌平板表面，经培养后，在培养基表面会形成多个由独立分布细胞形成的单菌落，达到分离纯化的目的。

浇注平板法是将 1mL 合适稀释度的样品悬液与 15~20mL 冷却到 42℃左右的营养琼脂培养基快速均匀混合后，倒入无菌平皿，形成单细胞分散状态的混合平板，经培养后形成单菌落，达到分离纯化的目的。

厌氧微生物分离纯化的关键是创造一个无氧环境，比较常用的有厌氧手套箱法、深层琼脂柱法、亨盖特滚管法等。

上述方法分离获得单菌落并不一定保证是纯培养，还需要反复分离纯化多次，再结合显微镜镜检等综合考虑才能确定是纯种。

三、实验器材

1. 仪器

恒温培养箱。

2. 样品

土壤样品、活性污泥混合液或者有机污染严重的水样。

3. 试剂耗材

盛有 4.5mL 无菌水的试管，盛有 90mL 无菌生理盐水并带玻璃珠的三角烧瓶，工业酒精，接种针，无菌平皿，涂布棒，酒精灯，无菌枪头，移液枪等。

4.培养基

牛肉膏蛋白胨培养基。

四、实验步骤

1.样品菌悬液制备

取 10g 或 10mL 样品，放入盛有 90mL 无菌水并带玻璃珠的三角烧瓶中，振荡 20min，使得样品与水充分混合，使细胞分散。静置 5min，上层则为待分离样品菌悬液。

2.无菌平板制备

将牛肉膏蛋白胨固体培养基加热熔化，冷却至 $60\sim$
70℃，右手持盛有培养基的三角烧瓶置于火焰旁，左手将瓶
塞轻轻拔出，瓶口保持对着火焰（图 2-9），用左手或者右手
的手掌边缘或者小指与无名指夹住瓶塞，左手持培养皿在火
焰旁转动一圈，然后打开皿盖，迅速倒入培养基约 15mL，
盖上皿盖后平置于桌面，轻轻晃动培养皿，使得培养基均匀
布满皿底，待凝后则成为无菌平板。

图 2-9　倒平板示意图

3.稀释涂布平板法

（1）菌悬液梯度稀释：用 1mL 的移液枪吸取 0.5mL 样品菌悬液加入盛有 4.5mL 无菌
水的试管中，充分混匀，则为 10^{-2} 稀释液，以此类推，制成 $10^{-6}\sim10^{-3}$ 的菌悬液稀释液
（图 2-10）。梯度稀释过程要注意一个稀释度对应一个枪头。

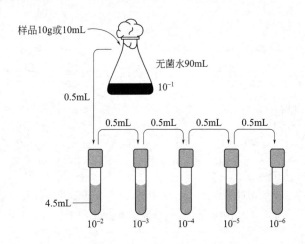

图 2-10　菌悬液 10 倍梯度稀释法示意图

（2）涂布：将凝固的无菌平板底部用记号笔标注合适稀释度，每个稀释度做 3 个重复
操作，通过无菌操作分别吸取 0.1~0.2mL 对应稀释度的菌悬液加入相应平板。用灭菌的
涂布棒按照图 2-11 所示，在培养基表面涂布均匀，静置 30min，待菌液吸收。

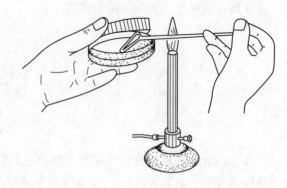

图 2-11　涂布平板

（3）培养：将涂布好的平板倒置于恒温培养箱中培养 24～48h，观察结果，并记录于表 2-5 中。

4. 平板划线分离法

取凝固的无菌平板，用记号笔在皿底标记好，在近火焰处，左手拿培养皿，右手拿接种环，挑取未经稀释的菌悬液一环在平板上划线。常用的方法有两种：

（1）平行划线法：用接种环挑取一环菌悬液，在培养基做平行划线 3～4 次，再转动平板约 70°角，将接种环上的剩余物烧掉，待冷却后穿过第一次划线部分进行第二次划线，再按照同样的方法划第三次或第四次［图 2-12（a）］。划线完毕后，盖上皿盖，倒置于恒温培养箱 24～48h，观察培养结果。

（2）连续划线法：用接种环挑取一环菌悬液在平板上做连续划线，注意不能重复划线，且勿划破培养基［图 2-12（b）］。划线完毕后，盖上皿盖，倒置于恒温培养箱，培养 24～48h，观察结果。

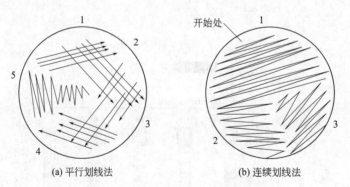

(a) 平行划线法　　　　　　　　(b) 连续划线法

图 2-12　平板划线分离法示意图

五、实验结果及数据处理

实验结果记录：

（1）稀释涂布平板法分离获得的单菌落生长情况。

表 2-5　稀释涂布平板法分离结果

菌落编号	数量	菌落特征描述
1		
2		
3		

（2）画图记录并描述平板划线分离法的分离结果。

六、思考题

1. 你所做的稀释涂布平板法和平板划线法是否得到了单菌落？
2. 根据实验结果，分析影响实验结果的可能原因。

 实验六　环境因素对微生物生长的影响

一、实验目的和要求

1. 结合实验现象，了解温度、紫外辐射、化学试剂对微生物生长的影响，并进一步深入理解其原理。

2. 通过实验过程，掌握平皿扩散法测定物质抑菌性的方法，并进一步巩固倒板、涂板等微生物重要的基础操作。

二、实验原理

微生物的生长繁殖受到外界环境因素的影响。环境条件适宜时，微生物生长良好。环境条件不适宜时，微生物生长受到抑制，甚至会导致死亡。物理、化学、生物等不同的环境因素影响微生物生长的机制不尽相同，不同微生物对同一环境因素的适应能力也有差别。

1. 温度

温度能影响蛋白质、核酸等生物大分子的结构与功能，也会改变细胞膜的流动性和完整性，从而影响微生物的生长、繁殖和新陈代谢。过高的温度会导致蛋白质及核酸变性、细胞膜破坏、细胞死亡，过低的温度会抑制酶的活性和细胞膜流动性，影响细胞新陈代谢。因此，每一种微生物只能在一定温度范围内生长，都具有自己最低、最适合和最高的生长温度。

2. 紫外线

紫外线是波长为 $10 \sim 400nm$ 辐射的总称，其中波长为 $200 \sim 300nm$ 的紫外线具有杀菌能力，波长在 $260nm$ 处的紫外线杀菌效果最好。紫外线杀菌的机制主要是诱导 DNA 形成碱基二聚体，从而抑制了 DNA 复制，影响微生物的生长和存活。在波长一定的条件下，紫外线的强度与照射时间成正相关，与照射距离成反相关。紫外线穿透力较弱，一般只适合无菌室、超净台、手术室内空气及物体表面的灭菌。

3. 化学消毒剂

常用的化学消毒剂包括有机溶剂、重金属盐、卤素及其化合物、染料和表面活性剂等。这些化学消毒剂通过作用于细胞膜、蛋白质、核酸或者产生强氧化性影响微生物细胞的生长繁殖。不同的化学消毒剂作用机制和作用强度不同。化学消毒剂的抑菌性能可以通过定性（平皿扩散法）和定量（最小抑菌浓度）两个方面来考察评价。

三、实验器材

1. 仪器

恒温培养箱、超净工作台。

2. 菌种

大肠埃希菌（*Escherichia coli*）。

3. 试剂耗材

青霉素溶液（8×10^4 U/mL）、2.5% 碘酒、75% 酒精、5% $CuSO_4$、5% 苯酚、无菌生理盐水、接种针、无菌平皿、涂布棒、无菌枪头、酒精灯、无菌滤纸片、移液枪等。

4. 培养基

牛肉膏蛋白胨培养基。

四、实验步骤

1. 温度对微生物生长的影响

（1）取 4 支装有牛肉膏蛋白胨的无菌试管斜面，分别标记好不同温度。

（2）通过无菌操作，在试管斜面上以"S"形划线接入待检测菌株。

（3）将各对应试管分别置于 4℃、室温、37℃、50℃下培养 24～48h，观察细菌生长状况并记录结果。

2. 紫外辐射对微生物生长的影响

（1）倒平板：将牛肉膏蛋白胨琼脂培养基熔化后倒平板并标记。

（2）涂布：吸取 0.1mL 的待测菌菌悬液，以无菌操作均匀涂于平板，涂布好后让菌液吸收 1～2min。

（3）放置黑纸片：用无菌操作将无菌的黑色纸片置于平板中间，轻轻压平。

（4）紫外处理：将该平板放置于离紫外灯 15～20cm 处，打开皿盖，照射 20min，照射结束取下黑纸片，盖好皿盖置于 37℃下恒温培养 24h。注意紫外灯照射后的处理尽量在黑暗或者红灯条件下进行，以避免光修复。观察细菌生长状况并记录结果（记录于图 2-13）。

3. 化学消毒剂对微生物生长的影响

（1）倒平板：将牛肉膏蛋白胨琼脂培养基熔化后倒平板并分区标记。

（2）涂布：同上。

（3）放置无菌滤纸片：用微量移液管以无菌操作吸取 $10\mu L$ 的化学消毒剂润湿小滤纸片，再将该滤纸片贴在相应的域中央，注意放置纸片时不要拖动。

（4）培养和观察：将上述平板置于 37℃ 下恒温培养 24h。观察结果时，用刻度尺测量抑菌圈的大小，初步判断不同药品抑菌能力的强弱。

五、实验结果及数据处理

1. 温度对微生物生长的影响

比较待测菌株在不同温度条件下的生长情况（"－"表示不生长，"＋"表示生长较差，"＋＋"表示生长一般，"＋＋＋"表示生长良好），将实验结果填入表 2-6。

表 2-6　温度对微生物生长的影响

温度	4℃	室温	37℃	55℃
大肠埃希菌				
结论及分析				

2. 紫外线对微生物生长的影响

绘出平板上菌落生长的图（图 2-13，用阴影表示有菌落生长区域，空白表示无菌落生长区域），并分析原因。

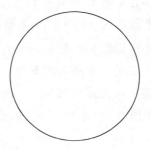

图 2-13　紫外线照射后平板上的菌落生长情况

3. 化学消毒剂对微生物生长的影响

记录各种化学消毒剂对待测菌株的抑菌效果，把结果填入表 2-7。

表 2-7　化学消毒剂对微生物生长的影响

消毒剂	2.5％碘伏	75％酒精	5％$CuSO_4$	5％苯酚	青霉素 （8×10^4 U/mL）	生理盐水
抑菌圈直径/mm						
结论及分析						

六、思考题

1.设计一个简单的实验，证明某化学消毒剂对试验菌是抑菌作用还是杀菌作用。

2.试举几个在日常生活中人们利用理化因子抑制微生物生长的例子。

第二节　环境微生物监测实验

实验一　水中细菌总数的测定

一、实验目的和要求

1.通过本实验，掌握测定水中细菌总数的方法，并进一步理解细菌数量和环境水质之间的相关性。

2.通过本实验，具备分析不同环境水样水质细菌学检测结果的能力。

二、实验原理

水中细菌总数的
测定（理论）

水中细菌总数是水质微生物学检查的重要指标之一，可说明水体被有机物污染的程度。细菌总数是指 1mL 水样在普通营养琼脂培养基中，37℃经24h 培养后，所生长的腐生性细菌菌落数（CFU，菌落形成单位）。细菌总数越多，有机物质含量越高。由于水中细菌种类繁多，它们对营养和其他生长条件的要求差别很大，不可能找到一种培养条件使得水中所有细菌均能生长繁殖，因此上述菌落形成数只能是相对参考值。除了采用上述平板菌落计数法外，现有多种快速简便的检测仪或者试剂盒能测定水中细菌总数。我国现行的饮用水国家标准中规定细菌总数应小于100CFU/mL。

三、实验器材

1.仪器

恒温培养箱、微波炉。

2.水样

饮用水、地表水（池水或河水）。

3.耗材

无菌平皿、涂布棒、无菌枪头、酒精灯、4.5mL 无菌水试管、移液枪。

4. 培养基

牛肉膏蛋白胨琼脂培养基。

5. 试剂

消毒酒精。

四、实验步骤

水中细菌总数的
测定（操作）

1. 水样的采集

（1）饮用水样采集：取无菌三角烧瓶，接入饮用水，及时进行分析处理。

（2）地表水采集：距水面 10～15cm 的深层水样，将灭菌带瓶塞的空瓶，瓶口向下浸入水中，翻转过来，拔开瓶塞，水流入瓶中盛满后，取出，加塞。水样最好立即检测，否则需放入冰箱中保存。

2. 细菌总数测定

（1）饮用水：用移液枪吸取 0.1mL 水样，以无菌操作加到无菌平板的中间，涂布棒涂布均匀，做 3 个重复，倒置于 37℃，培养 24h，进行菌落计数，3 个平板的平均菌落数乘以取样倍数，即为 1mL 水样的细菌总数。或者用移液枪吸取 1mL 水样，直接注入无菌平皿，快速倒入 10～15mL 已熔化并冷却至 45～50℃ 的营养琼脂培养基，平放于桌上，迅速混合均匀，冷凝后形成平板，做 3 个重复，倒置于 37℃，培养 24h，进行菌落计数。两种实验方法中都需要取一个无菌平板倒入培养基进行培养，作空白对照。结果记录于表 2-9。

（2）地表水（河水或池水）：根据环境水的污染程度，进行 10 倍梯度稀释，一般中等污染的水样，取 10^{-1}、10^{-2}、10^{-3} 稀释度，严重污染的水样，可进一步提高稀释度。后续操作方法同（1）。结果记录于表 2-10。

3. 菌落计数及结果处理

按不同稀释度下平均菌落数的不同情况进行处理（表 2-8）。

（1）首先选择平均菌落数在 30～300 之间进行计算。当只有一个稀释度的平均菌落数符合此范围时，则以该菌落数乘以相应稀释倍数，获得该水样的细菌总数（例1）。

（2）若有两个稀释度的平均菌落数均在 30～300 之间，则应按两者菌落总数之比决定。若其比值小于 2，应以两者的平均数计算细菌总数（例2）；若大于 2，则以其中较小的数值来计算细菌总数（例3）。

（3）若所有稀释度的平均菌落数均大于 300，需要进一步提高稀释度再进行实验，若没有条件则应按稀释度最高的菌落数乘以稀释倍数来计算（例4）。

（4）若所有稀释度的平均菌落数均小于 30，需要进一步降低稀释度再进行实验，若没有实验条件，则应按稀释度最低的菌落数乘以稀释倍数来计算（例5）。

（5）若所有稀释度的平均菌落数均不在 30～300 之间，需要进一步调整稀释度再进行实验，若没有实验条件，则以最接近 300 或 30 的平均菌落数乘以稀释倍数来计算（例6）。

表 2-8　计算菌落总数方法举例

举例	不同稀释度的平均菌落数			两个稀释度菌落数之比	菌落总数/(CFU/mL)
	10^{-1}	10^{-2}	10^{-3}		
1	1365	164	20	—	16400
2	2760	295	46	1.6	37750
3	2890	271	60	2.2	27100
4	无法计数	1650	513	—	51300
5	27	11	5	—	270
6	无法计数	305	12	—	30500

五、实验结果及数据处理

1. 饮用水检测实验结果记录

表 2-9　饮用水菌落计数结果

平板	菌落数	饮用水中细菌总数/(CFU/mL)
1		
2		
3		

2. 地表水检测实验结果记录

表 2-10　池水或河水菌落计数结果

稀释度	10^{-1}			10^{-2}			10^{-3}		
平板	1	2	3	1	2	3	1	2	3
菌落数									
平均菌落数									
稀释度菌落数之比									
细菌总数/(CFU/mL)									

六、思考题

1. 你所检测的水样结果如何？说明什么？

2. 检测水样细菌总数时，如果用不加水样的空白作对照，而空白对照平板上有少数几个菌落说明什么问题？而有很多菌落又说明什么？

实验二 空气中微生物数量的测定

一、实验目的和要求

1. 通过本实验，掌握平皿落菌法测定空气中微生物数量的原理和方法。

2. 通过对实验结果的分析，进一步理解微生物数量和空气质量之间的相关性。

二、实验原理

空气中有很多微生物，这些微生物大多来源于土壤、人体、污水生物处理系统。空气中的微生物数量与环境卫生状况、绿化、人员密度和活动、空气流通程度等有密切关系，是环境空气质量评价的重要指标。空气中微生物数量检测的方法有很多，例如平皿落菌法、撞击法、过滤法等。平皿落菌法是根据空气中微生物一般吸附在尘埃上，会在重力作用下沉降到地面或物体表面的原理制定的，其过程如下：将含有灭菌培养基的无菌平板置于待测地点，打开皿盖暴露于空气中 10～15min，等空气中的微生物降落到平板上，盖上皿盖后置于培养箱中培养 48h 取出计算其菌落数，根据奥梅梁斯基公式（5min 内落在面积 100cm^2 营养琼脂平板上的微生物数量与 10L 空气中所含的微生物数量相同），可以转化为每立方米空气中的微生物菌数量。计算如式（2-5）所示：

$$C = 50000N/At \qquad (2-5)$$

式中　C——每立方米空气中的含菌量，CFU/m^3；

　　　N——每个平板中的菌落数量，CFU；

　　　A——培养皿面积，cm^2；

　　　t——暴露于空气中的时间，min；

　　50000——换算系数。

三、实验器材

1. 仪器

恒温培养箱。

2. 培养基

牛肉膏蛋白胨培养基、马铃薯培养基（PDA 培养基）、高氏 I 号培养基。

四、实验步骤

（1）制作无菌平板。

（2）在教室、寝室、图书馆、食堂等室内环境中设置若干采样点，在每个采样点离地 80cm 处放置无菌平板，打开皿盖，暴露于空气中 10～15min，做 3 组重复。

（3）盖上皿盖，置于恒温培养箱中倒置培养，牛肉膏蛋白胨培养基、高氏Ⅰ号培养基置于37℃培养，PDA培养基置于28℃培养。

（4）培养48h后，取出平板，对平板上的菌落进行计数，计算空气中的微生物含量。

五、实验结果及数据处理

记录不同环境中菌落数目、菌落形态，填入表2-11，比较上述环境的空气质量，并分析原因。

表 2-11　平皿落菌法实验结果记录

| 环境 | 牛肉膏蛋白胨培养基 | | 马铃薯培养基 | | 高氏Ⅰ号培养基 | | 微生物数量 /(CFU/m³) |
	菌落数目 /CFU	菌落 特征	菌落数目 /CFU	菌落 特征	菌落数目 /CFU	菌落 特征	

六、思考题

1.我国一般室内空气质量标准中关于细菌总数的标准是多少？

2.根据实验结果，分析校园常见的室内环境是否符合标准。

实验三　水体中总大肠菌群的检测

一、实验目的和要求

1.通过本实验，掌握水体中总大肠菌群检测的方法，并进一步理解大肠菌群指标在环境检测中的重要性。

2.通过实验现象，加深对大肠菌群生理生化特性的认识，从而深入理解本实验原理。

二、实验原理

大肠菌群是一群在37℃培养时24h内能发酵乳糖产酸产气、需氧或兼性厌氧的革兰氏阴性无芽孢杆菌的统称，它包括肠杆菌科中的埃希菌属、柠檬酸细菌属、克雷伯菌属及肠杆菌属。因为其数量大，在体内外的存活条件与肠道致病菌相近，且检验方法比较简便，被认定为环境中肠道致病菌检测的指示菌。我国《生活饮用水卫生标准》中关于总大肠菌群的指标要求是每升水样中不得检出。当水样检出有总大肠菌群时，应进一步检验大肠埃希菌或耐热大肠菌群。

总大肠菌群的检测方法主要有多管发酵法和滤膜法,其中多管发酵法是总大肠菌群检测的标准方法,滤膜法则适合样品量多而含菌量少的样品。多管发酵法包括初发酵、平板鉴定和复发酵实验,其原理是:将一定量的水样接种到多管乳糖发酵管(含产酸指示剂和德汉氏小管)中,经恒温培养后,根据产酸产气的初发酵结果(发酵管由紫变黄,德汉氏小管中出现气柱,则为阳性)、平板鉴定和复发酵结果来判断大肠菌群呈阳性的管数,在检索表中查出大肠菌群的近似值。

三、实验器材

1. 仪器

恒温培养箱、普通光学显微镜。

2. 样品

地表水 100mL、饮用水 400mL。

3. 培养基

乳糖蛋白胨水培养基、伊红美蓝乳糖培养基。

4. 耗材

锥形瓶、试管、移液枪、无菌枪头、接种环、培养皿等。

四、实验步骤

1. 水样采集

参考第二章第二节实验一"水中细菌总数的测定"中实验步骤1。

2. 初发酵实验

(1)饮用水:取 300mL 水样,按无菌操作法在 10 支装有 5mL 3 倍乳糖蛋白胨液体培养基的试管中接入 10mL 水样,在 2 个装有 50mL 3 倍乳糖蛋白胨液体培养基的锥形瓶中各接入水样 100mL,混匀后置于 37℃恒温培养箱中培养 24h,观察其产酸产气的情况。

(2)地表水

方法一:根据水质的清洁程度确定水样的稀释倍数,除严重污染外,一般选择 10^{-1} 和 10^{-2} 两个稀释度,通过 10 倍稀释法进行稀释。通过无菌操作,在装有 10mL 普通浓度乳糖蛋白胨液体培养基的试管中分别接入 1mL 原样、10^{-1} 水样、10^{-2} 水样,在装有 5mL 双倍浓度乳糖蛋白胨液体培养基的试管中接入原水样 10mL,混匀后置于 37℃恒温培养箱中培养 24h,观察其产酸产气的情况。

方法二:通过无菌操作,在 5 管装有 5mL 3 倍浓度乳糖蛋白胨液体培养基的试管中各接入 10mL 原水样,在 5 管装有 10mL 普通浓度乳糖蛋白胨液体培养基的试管中各接入 1mL 原水样,在 5 管装有 10mL 普通浓度乳糖蛋白胨液体培养基的试管中各接入 1mL 10^{-1} 水样,共 15 管,混匀后置于 37℃恒温培养箱中培养 24h,观察其产酸产气的情况。

3. 平板鉴定实验

将上述实验中呈阳性结果（培养基由紫色变成黄色，小试管有气体产生）的发酵管，通过无菌操作，用接种环挑取一环发酵液在伊红美蓝乳糖培养基平板上进行平板划线分离，每一管做3个重复平板，置于37℃恒温培养箱中培养24h，观察菌落特征。挑取符合下列特征的菌落进行涂片、革兰氏染色和镜检，如果结果为革兰氏阴性无芽孢杆菌，则进行下一步的复发酵实验。

（1）深紫黑色，具有金属光泽的菌落；

（2）紫黑（绿）色，不带或略带金属光泽的菌落；

（3）淡紫红色，中心颜色较深的菌落；

（4）紫红色的菌落。

4. 复发酵实验

用接种环挑取具有上述菌落特征且革兰氏阴性的无芽孢杆菌菌落，接种于装有10mL普通浓度的乳糖蛋白胨液体培养基试管中，每管可以挑取同一个平板上的1~3个典型菌落，置于37℃恒温培养箱中培养24h，如有产酸产气的结果，则有大肠菌群存在，对应的初发酵管为阳性管。根据初发酵管阳性管数及实验所用的水样量，运用数理统计原理计算出每100mL（或每升）水样中大肠菌群的最大可能数目（most probable number，MPN），如式（2-6）所示。为了使用方便，现已经制成检索表（见附录八），直接查阅即可获得结果。饮用水源的检索表为附录八表4-22，根据方法一检测的地表水样的检索表为附录八表4-23，根据方法二检测的地表水样的检索表为附录八表4-24。

$$MPN = \frac{1000 \times 阳性管数}{\sqrt{阴性管数水样体积(mL) \times 全部水样体积(mL)}} \qquad (2-6)$$

五、实验结果及数据处理

1. 记录初发酵、平板鉴定、复发酵的实验结果。
2. 计算水样中的总大肠菌群数。

六、思考题

1. 测定水中总大肠菌群数有什么实际意义？为什么选用大肠菌群作为水的卫生标准？
2. 总大肠菌群和粪大肠菌群有什么区别？

实验四　环境中苯酚降解菌的分离筛选

一、实验目的和要求

1.通过本实验，掌握苯酚降解菌分离、培养及解酚能力测定的方法。

2.通过本实验，启发和梳理学生在利用选择培养基筛选特定微生物方面的实验思路。

二、实验原理

活性污泥和土壤等环境中存在各种各样的微生物，其中有些微生物能以有机污染物作为碳源、能源或氮源。当以有机污染物作为唯一碳源时，可以使有机污染物得以降解，具有处理效率高、耐受毒性强等优点。

酚类化合物是一类原生质毒物，对所有生物细胞都能产生毒性，是水体的重要污染物之一，其主要作用机制是使蛋白质凝固，从而影响细胞正常生理功能。有研究表明，长期饮用被苯酚污染的水体会引起头晕、贫血及各种神经系统病症。当水中含酚量达 4~15mg/L 时，会引起鱼类大量死亡。因此，从环境中筛选能高效降解酚类的微生物，对含酚工业废水的生物处理具有重要的实际意义。

酚类降解菌的分离筛选包括三个环节：①富集培养，采样后，取适量样品接种于以苯酚为唯一碳源的液体培养基中，经培养可使苯酚降解菌成为优势种；②分离纯化，将富集菌液转接到含苯酚的平板，获得苯酚降解菌的纯培养；③降解性能测试，苯酚在碱性介质中，在铁氰化钾存在下与 4-氨基安替比林反应，生成橙红色化合物，在 510nm 处有最大吸收，因此，可以通过 4-氨基安替比林分光光度法测定苯酚降解菌的降解性能。

三、实验器材

1.仪器

分光光度计、恒温培养箱、恒温振荡器、离心机。

2.试剂

苯酚标准液（0.1mg/mL）、四硼酸钠饱和溶液、3% 4-氨基安替比林溶液、2%过硫酸铵溶液、苯酚。

3.富集和分离培养基

富集培养基：蛋白胨 0.5g，磷酸氢二钾 0.1g，硫酸镁 0.05g，蒸馏水 1000mL，pH 值为 7.2~7.4。

分离培养基在富集培养基的基础上添加 15~20g 琼脂形成固体培养基。

4.耗材

无菌水、50mL 离心管、量筒、容量瓶（100mL）、无菌枪头、培养皿、玻璃棒、接种环、酒精灯、移液枪等。

四、实验步骤

1. 富集培养

采集活性污泥或土样 1g，接种于装有 50mL 富集培养基的三角烧瓶中，加入几颗玻璃珠和适量苯酚（参考浓度为 50mg/L），30℃振荡培养。待三角烧瓶中有菌生长后，吸取 1mL 培养液转接于另一个装有 50mL 富集培养基的三角烧瓶中，继续培养，连续转接 2~3 次，培养液中每次所加的苯酚含量适度增加，最后可得到以苯酚降解菌占优势的混合培养液。

2. 平板分离纯化

（1）制备混合培养物稀释液：取 1mL 混合培养液加入 10mL 无菌水中，充分混匀，形成 10^{-1} 的稀释液，以此类推，稀释至 10^{-6}。

（2）倒平板：熔化分离培养基，冷却至 60℃，加入适量的苯酚（参考浓度为 200mg/L），混合均匀后倒板，获得含有苯酚的选择培养基。

（3）平板涂布：吸取 0.1mL 10^{-4}、10^{-5}、10^{-6} 的稀释液，置于含有苯酚的分离培养基平板中间，用涂布棒迅速涂布均匀，每个稀释度做 2~3 个重复。

（4）倒置培养：将涂布好的平板静置 1~2h，待所接菌液吸收后，倒置于恒温培养箱内，30℃培养 1~2d。

（5）划线纯化：挑取平板上生长良好的单菌落，通过划线接种于含有苯酚的分离培养基中，30℃倒置培养 1~2d，获得生长良好的单菌落，经镜检后确定为纯种，若菌落未纯，则重复划线分离纯化。

3. 苯酚降解性能测定

（1）降解实验

用接种环挑取单菌落，接种于 100mL 含有苯酚的液体培养基中，置于 30℃振荡培养 24h。

（2）苯酚标准曲线制作

取 100mL 容量瓶 7 个，分别加入苯酚标准溶液 0.00mL、0.50mL、1.00mL、2.00mL、3.00mL、4.00mL、5.00mL，每个容量瓶里加入四硼酸钠饱和溶液 10mL，3% 4-氨基安替比林溶液 1mL，再加入四硼酸钠饱和溶液 10mL，2% 过硫酸铵溶液 1mL，用蒸馏水定容至 100mL，摇匀。静置 10min 后，510nm 处以试剂空白为参比，测定吸光度，绘制标准曲线。

（3）降解前后苯酚含量测定

取含苯酚（参考浓度 100mg/L）的未接菌株的培养液和接入菌株降解后的培养液各 30mL，分别离心取 10mL 上清液于 100mL 容量瓶中，加入四硼酸钠饱和溶液 10mL，3% 4-氨基安替比林溶液 1mL，再加入四硼酸钠饱和溶液 10mL，2% 过硫酸铵溶液 1mL，用蒸馏水定容至 100mL，摇匀。静置 10min 后将溶液转移至比色皿，510nm 处以试剂空白为参比，测定吸光度，经标准曲线换算成降解前后苯酚的含量。换算式（2-7）如下：

$$C_{苯酚} = \frac{标准曲线上换算的苯酚含量}{10} \times 1000 \qquad (2\text{-}7)$$

式中　10——上清液体积，10mL；

　　　1000——体积单位换算系数；

　　　$C_{苯酚}$——苯酚的浓度，mg/L。

（4）降解率计算

苯酚降解率计算如式（2-8）所示：

$$降解率 = \frac{C_1 - C_2}{C_1} \times 100\% \qquad (2\text{-}8)$$

式中　C_1——降解前培养基中的苯酚含量，mg/L；

　　　C_2——降解后培养液中的苯酚含量，mg/L。

五、实验结果及数据处理

1.绘出苯酚标准曲线，记录苯酚测定结果的原始数据。

2.将分离纯化得到的苯酚降解菌株信息填入表 2-12。

表 2-12　苯酚降解菌株信息表

菌株编号	菌落形态描述	苯酚降解率/%
1		
2		
3		

六、注意事项

1.测定苯酚含量时，样品读数超过标准曲线范围，须将样品适当稀释后再测定。

2.苯酚有一定的腐蚀性，四硼酸钠有一定毒性，操作时需注意个人防护。

七、思考题

1.涂布好的平板为何要静置一段时间后在培养箱中倒置培养？

2.如何对分离获得的降解苯酚菌株进行鉴定？

第三章

环境化学实验

 实验一　芬顿试剂催化降解甲基橙模拟印染废水的研究

一、实验目的和要求

1. 借助实验现象，初步识别芬顿（Fenton）试剂的性质，阐述 Fenton 试剂降解有机污染物的机理，分析 Fenton 反应的影响因素。

2. 能够灵活运用 Fenton 试剂于污水处理，识别出现问题的可能原因，并能够对反应过程进行适当调控。

二、实验原理和方法

Fenton 试剂法是目前废水处理领域应用较多的一种氧化法，其氧化机理可用下列反应方程式表示：

芬顿试剂催化降解甲基橙模拟印染废水的研究（理论）

$$Fe^{2+} + H_2O_2 \longrightarrow Fe^{3+} + OH^- + HO \cdot \qquad (1)$$
$$RH + HO \cdot \longrightarrow R \cdot + H_2O \qquad (2)$$

Fenton 反应中生成的 $HO \cdot$，具有很强的氧化能力。研究表明，在酸性溶液中，其氧化能力仅次于氟气。$HO \cdot$ 可以与有机物 RH 反应生成 $R \cdot$，进一步氧化，可以使有机物结构碳链断裂，最终氧化形成 CO_2 和 H_2O。因此，Fenton 试剂可以氧化分解有机物包括持久性有机污染物。

根据 Fenton 试剂反应的机理可知，$HO \cdot$ 是氧化有机物的有效因子，而 Fe^{2+}、H_2O_2 等物质的浓度能够影响 $HO \cdot$ 的产量，从而决定了有机物的去除速率。另外，系统的 pH、H_2O_2 的投加方式、Fe^{2+} 与 H_2O_2 的投加比、投加顺序、反应时间等均能影响反应速率和氧化效果。因此，Fenton 试剂氧化法受到很多因素的影响。

本实验采用 Fenton 试剂法催化降解甲基橙模拟染料废水，并通过适当调控 pH 值及 Fe^{2+} 和 H_2O_2 的添加量，以获得最适处理条件和最佳处理效果。

三、实验仪器与试剂

1. 仪器

（1）可见光分光光度计。

（2）pH 计。

（3）搅拌器或振荡器。

（4）容量瓶、移液管、锥形瓶、烧杯等实验室常规玻璃容器若干。

2. 试剂

（1）甲基橙模拟印染废水，100mg/L。

（2）$FeSO_4 \cdot 7H_2O$，10g/L，分析纯，现配现用。

（3）H_2O_2（3%），分析纯。

（4）H_2SO_4（1%），分析纯。

（5）NaOH，分析纯，备用。

芬顿试剂催化
降解甲基橙模
拟印染废水的
研究（操作一）

四、实验步骤

1. 测定印染废水的初始吸光度

利用可见光分光光度计，在 510nm 处，以去离子水为参比溶液，测定 100mg/L 印染废水的初始吸光度，记录数据为 A_0。本实验主要根据脱色率评价 Fenton 试剂催化降解甲基橙的效果。

芬顿试剂催化
降解甲基橙模
拟印染废水的
研究（操作二）

2. 确定 Fenton 反应的最佳 pH

取 5 只锥形瓶，分别加入 100mL 甲基橙模拟废水（浓度 100mg/L），利用 1% 稀硫酸，调节水样的 pH 分别为 3、4、5、6、7（不完全拘泥于此设置，可灵活处理）。分别加入 $FeSO_4 \cdot 7H_2O$ 溶液（10g/L）1.00mL，然后加入 H_2O_2（3%）1.00mL。将锥形瓶置于搅拌器上进行脱色实验，反应时间为 30~45min。反应结束后，取上清液，在 510nm 波长下，以去离子水为参比，测定废水的吸光度，记录数值为 A_t（表 3-1）。绘制脱色率随 pH 的变化曲线，根据脱色率确定最佳的 pH 范围。

芬顿试剂催化
降解甲基橙模
拟印染废水的
研究（操作三）

表 3-1　Fenton 反应中确定最佳 pH 范围的数据记录表

项目	锥形瓶 1	锥形瓶 2	锥形瓶 3	锥形瓶 4	锥形瓶 5
反应前吸光度值 A_0					
pH 值	3.0	4.0	5.0	6.0	7.0
$FeSO_4 \cdot 7H_2O$（10g/L）	1.00mL	1.00mL	1.00mL	1.00mL	1.00mL
H_2O_2（3%）	1.00mL	1.00mL	1.00mL	1.00mL	1.00mL
反应后吸光度值 A_t					
脱色率/%					

注：pH 值、$FeSO_4 \cdot 7H_2O$ 和 H_2O_2 的投加量不完全拘泥于此表，可灵活处理。

3. 确定 FeSO$_4$·7H$_2$O 投加量

取 5 只锥形瓶，分别加入 100mL 甲基橙模拟废水（浓度 100mg/L），根据步骤 2 的实验结果，用 1‰ 稀硫酸依次调节水样 pH，然后向各锥形瓶中投加不同量的 FeSO$_4$·7H$_2$O 溶液，投加量分别为 0.40mL、0.80mL、1.00mL、1.50mL、2.00mL（不完全拘泥于此设置，可灵活处理），然后分别加入 H$_2$O$_2$（3%）1.00mL。将锥形瓶置于搅拌器上进行脱色实验，反应时间为 30～45min。反应结束后，取上清液，在 510nm 波长下，以去离子水为参比，测定废水的吸光度 A_t，记录于表 3-2。绘制脱色率随 FeSO$_4$·7H$_2$O 投加量的变化曲线，根据脱色率，并考虑经济成本，确定 FeSO$_4$·7H$_2$O 的最佳投加量。

表 3-2　Fenton 反应中确定最佳 FeSO$_4$·7H$_2$O 添加量的数据记录表

项目	锥形瓶 1	锥形瓶 2	锥形瓶 3	锥形瓶 4	锥形瓶 5
反应前吸光度值 A_0					
pH 值	根据实验步骤 2 确定最佳范围				
FeSO$_4$·7H$_2$O（10g/L）	0.40mL	0.80mL	1.00mL	1.50mL	2.00mL
H$_2$O$_2$（3%）	1.00mL	1.00mL	1.00mL	1.00mL	1.00mL
反应后吸光度值 A_t					
脱色率/%					

注：FeSO$_4$·7H$_2$O 和 H$_2$O$_2$ 的投加量不完全拘泥于此表，可灵活处理。

4. 确定 H$_2$O$_2$（3%）投加量

取 5 只锥形瓶，分别加入 100mL 甲基橙模拟废水（100mg/L），根据步骤 2 的实验结果，调节水样 pH，根据步骤 3 的实验结果，加入最佳量的 FeSO$_4$·7H$_2$O 溶液，然后向不同锥形瓶中投加不同量的 H$_2$O$_2$（3%），投加量分别为 0.40mL、0.80mL、1.00mL、1.50mL、2.00mL，将锥形瓶置于搅拌器上进行脱色实验，反应时间为 30～45min。反应结束后，取上清液在 510nm 波长下，以去离子水为参比，测定吸光度 A_t，记录于表 3-3。绘制脱色率随 H$_2$O$_2$ 投加量的变化曲线，通过此实验，确定出 H$_2$O$_2$（3%）的最适投加量。

表 3-3　Fenton 反应中确定最佳 H$_2$O$_2$（3%）添加量的数据记录表

项目	锥形瓶 1	锥形瓶 2	锥形瓶 3	锥形瓶 4	锥形瓶 5
反应前吸光度值 A_0					
pH 值	根据实验步骤 2 确定最佳范围				
FeSO$_4$·7H$_2$O（10g/L）	根据实验步骤 3 确定最佳添加量				
H$_2$O$_2$（3%）	0.40mL	0.80mL	1.00mL	1.50mL	2.00mL
反应后吸光度值 A_t					
脱色率/%					

注：H$_2$O$_2$ 的投加量不完全拘泥于此表，可灵活处理。

5. 确定反应时间对降解效果的影响

取三个锥形瓶，作为平行实验，分别加入 100mL 甲基橙模拟废水（初始浓度 100mg/L），根据步骤 2 调节水样的 pH，根据步骤 3 和 4 加入最适量的 $FeSO_4 \cdot 7H_2O$ 和 H_2O_2，置于搅拌器上进行脱色实验，考察反应时间对废水脱色效果的影响，分别于 2min、4min、6min、8min、10min、15min、20min、30min、40min、50min、60min（采样时间可灵活设置）采集上清液，以去离子水为参比，于 510nm 处测定吸光度 A_i，记录于表 3-4，绘制脱色率随时间的变化曲线。

表 3-4　反应时间对 Fenton 试剂降解甲基橙模拟印染废水脱色率的影响

反应时间		2min	4min	6min	8min	10min	15min	20min	30min	40min	50min	60min
反应前吸光度值 A_0												
平行样 1	吸光度											
	脱色率											
平行样 2	吸光度											
	脱色率											
平行样 3	吸光度											
	脱色率											

注：取样时间不完全拘泥于此表，可根据反应情况灵活调整。

五、数据处理

1. 对于高色度的模拟印染废水，水样处理中的脱色率是重要的检测项目，脱色率的计算如式（3-1）所示：

$$脱色率 = \frac{反应前吸光度 - 反应后吸光度}{反应前吸光度} \times 100\% \tag{3-1}$$

2. 根据脱色率评价各因素的影响及废水降解效果，并绘制脱色效果图。

六、注意事项

1. $FeSO_4 \cdot 7H_2O$ 很容易发生氧化，需现配现用。

2. 该实验为综合性实验，受到很多因素的影响，取样时间或添加量不完全拘泥于上述条件，可在文献调研基础上适当调节。

3. 脱色过程中，可能会出现沉淀现象，可离心后再测定吸光度。

4. 实验顺序一般是先调节 pH 值，再投加 $FeSO_4 \cdot 7H_2O$，然后再加入 H_2O_2。

5. Fe^{2+} 虽然参与反应，但是本质上是催化剂。

6. 理论上 $COD : H_2O_2 : FeSO_4 \cdot 7H_2O$ 质量比为 $1 : 1 : 2$。

7. 如果废水变红了，可能是 pH 值过低，或者 Fe^{2+} 加多了，或者反应时间过长，主要是 Fe^{2+} 完全反应形成红色的 Fe^{3+}。

8. 如果废水变黑了，可能是药剂投加顺序错了，或者双氧水加多了。因为双氧水也是氧化剂，在水体中还没有足够 Fe^{2+} 的时候，会氧化一些有机物，但是氧化性不如 $HO\cdot$，氧化不彻底才导致废水变黑。

9.如果反应冒泡比较多，可能是有机物浓度过高，添加 H_2O_2 过多或过快造成的，洒点水或者消泡剂就可以了，再控制好添加顺序和比例就能消除。

七、思考题

1.$FeSO_4\cdot 7H_2O$ 或 H_2O_2 投加过多对实验效果有何影响？

2.查阅文献，综合分析 Fenton 试剂催化降解有机废水的影响因素有哪些。

 实验二　活性炭吸附苯酚的动力学研究

一、实验目的和要求

1.通过查阅资料，能够列举出活性炭的来源，描述活性炭的主要特性和主要吸附机理。

2.根据实验结果，能够分析最大吸附时的平衡时间，解释活性炭吸附与时间的关系。

二、实验原理和方法

活性炭对苯酚的吸附动力学研究（理论）

水体中有机污染物的迁移转化途径很多，如挥发、扩散、化学或生物降解等，其中颗粒物的吸附作用对有机污染物的迁移、转化、归趋及生物效应有重要影响，在某种程度上起着决定作用。此研究主要考察活性炭的吸附作用。

苯酚是化学工业的基本原料，也是水体中常见的有机污染物。活性炭对苯酚的吸附作用与其组成、结构等有关。探讨活性炭对苯酚的吸附作用对了解苯酚在水/颗粒物多介质的环境化学行为，乃至水污染防治都具有重要的意义。

在一定浓度的苯酚溶液中，加入一定量的活性炭，由于活性炭的吸附作用，使苯酚浓度下降，不同时间进行取样，测定苯酚水溶液中苯酚的含量，即可得到活性炭对苯酚吸附随时间的变化关系。

苯酚的测定采用 4-氨基安替比林法。即在 $pH=10.0\pm0.2$ 介质中，在铁氰化钾存在下，苯酚与 4-氨基安替比林反应，生成吲哚酚安替比林染料，其水溶液在波长 510nm 处有最大吸收。用 2cm 比色皿测量时，苯酚的最低检出浓度为 0.1mg/L。也可采用紫外分光光度法直接测定水中苯酚的浓度，需将待测溶液的 pH 值调节为 11.0，测定波长为 287nm。

三、实验仪器与试剂

1.仪器

（1）恒温振荡器。

（2）紫外可见分光光度计。

（3）容量瓶、锥形瓶若干。

（4）50mL 比色管。

（5）电子天平。

（6）移液管、洗耳球、烧杯等实验室常规容器若干。

2. 试剂

（1）活性炭。

（2）苯酚：10mg/L，用于配制标准溶液。

（3）苯酚吸附液：100mg/L。

（4）缓冲溶液（pH值约为10）：称取 10g 氯化铵溶于 50mL 氨水中，加塞，置冰箱中保存。

（5）2% 4-氨基安替比林溶液：称取 4-氨基安替比林（$C_{11}H_{13}N_3O$）1g 溶于水，稀释至 50mL，置于冰箱中保存，可使用 1 周。

（6）8% 铁氰化钾溶液：称取 4g 铁氰化钾 $\{K_3[Fe(CN)_6]\}$ 溶于水，稀释至 50mL，置于冰箱内可保存 1 周。

四、实验步骤

1. 配制所需溶液

根据需要，配制各组所需溶液，包括缓冲溶液、2% 4-氨基安替比林溶液、8% 铁氰化钾溶液、100mg/L 苯酚吸附液等。

活性炭对苯酚的吸附动力学研究（操作一）

2. 绘制标准曲线

取 50mL 的比色管 8 支，分别加入 0.00mL、0.50mL、1.00mL、3.00mL、5.00mL、7.00mL、10.00mL 和 12.50mL 浓度为 10mg/L 的苯酚溶液，用水稀释至 50mL 刻度。加 0.50mL 缓冲溶液，混匀，此时 pH 值为 9.8～10.2，加 4-氨基安替比林溶液 1.00mL，混匀。再加入 1.00mL 铁氰化钾溶液，充分混匀后，放置 10min，立即在 510nm 处，以蒸馏水为参比，测定吸光度，记录数据。测定结束后，各吸光度值减去零浓度管的吸光度值，然后绘制吸光度对苯酚浓度（mg/L）的标准曲线。

活性炭对苯酚的吸附动力学研究（操作二）

3. 吸附实验

（1）实验设置 2 组，投加不同量的活性炭，每组设置 3 个平行。

活性炭对苯酚的吸附动力学研究（操作三）

（2）取 3 个锥形瓶，分别加入 100mg/L 的苯酚吸附液 200mL，然后分别加入 0.2000g 活性炭，需准确记录活性炭的质量。（为加强实验吸附效果对比，也可做两组对比实验，分别加入 0.1000g 和 0.3000g 活性炭，同样每组实验需设置 3 个平行。）

（3）将锥形瓶用塞子塞好后，置于振荡器上，振荡约 3h。

（4）取样，并分析活性炭对苯酚的吸附情况。每隔 20min，从锥形瓶中取 1.00mL 上清液，放入比色管中，稀释至 50mL，用 4-氨基安替比林法测定吸光度，并记录吸光度值。

（5）待吸附量稳定后，可停止实验，吸附时间可以根据吸附情况灵活调整。

五、数据处理

1.绘制标准曲线。

2.计算平衡浓度（ρ_e）及吸附量（Q），如式（3-2）和式（3-3）所示：

$$\rho_e = \rho_1 n \tag{3-2}$$

$$Q = \frac{(\rho_0 - \rho_e)V}{W \times 1000} \tag{3-3}$$

式中　ρ_0——起始浓度，mg/L；

　　　ρ_e——平衡浓度，mg/L；

　　　ρ_1——在标准曲线上查得的测量浓度，mg/L；

　　　n——溶液的稀释倍数；

　　　V——吸附实验中所加苯酚溶液的体积，mL；

　　　W——吸附实验所加活性炭样品的质量，g；

　　　Q——苯酚在活性炭样品上的吸附量，mg/g。

3.绘制活性炭对苯酚吸附随时间的变化曲线。

六、注意事项

1.称取活性炭时，务必准确记录活性炭的质量。

2.取样测定水样中苯酚含量时，根据实验结果，灵活调整取样体积及稀释倍数。

3.活性炭若是粉末状，取样后需离心处理，以免影响分光光度计读数。

七、思考题

1.简要说明活性炭的来源有哪些。

2.借助文献调研，简要说明水环境中苯酚去除的主要方法有哪些。

 实验三　水体自净程度的指标测定与评价

一、实验目的和要求

1.能够熟练利用纳氏试剂分光光度法及离子色谱法测定氨氮、亚硝酸盐氮和硝酸盐，能够根据水体中三氮的检出情况，初步分析水体的自净状况。

2.了解测定三氮对环境化学研究的作用和意义。

二、实验原理和方法

水体中氮产物的主要来源是生活污水和某些工业废水及农业面源。当水体受到含氮有机物污染时，其中的含氮化合物由于水中微生物和氧的作用，

水体自净程度
的指标测定与
评价（理论）

可以逐步分解氧化为氨（NH$_3$）、铵（NH$_4^+$）、亚硝酸盐（NO$_2^-$）、硝酸盐（NO$_3^-$）等简单的无机氮化物。氨和铵中的氮称为氨氮，亚硝酸盐中的氮称为亚硝酸盐氮，硝酸盐中的氮称为硝酸盐氮。通常把氨氮、亚硝酸盐氮和硝酸盐氮称为三氮。这几种形态氮的含量都可以作为水质指标，分别代表有机氮转化为无机氮的各个不同阶段。在有氧条件下，氮产物的生物氧化分解一般按氨或铵、亚硝酸盐、硝酸盐的顺序进行，硝酸盐是氧化分解的最终产物。随着含氮化合物的逐步氧化分解，水体中的细菌和其他有机污染物也逐步分解破坏，因而达到水体的净化作用。

氨氮、亚硝酸盐氮和硝酸盐氮的相对含量，在一定程度上可以反映含氮有机物污染的时间长短，对于了解水体污染历史以及分解趋势和水体自净状况等有很高的参考价值。水体中三氮检出的环境化学意义如表 3-5 所示。

表 3-5　水体中三氮检出的环境化学意义

NH$_4^+$-N	NO$_2^-$-N	NO$_3^-$-N	三氮检出的环境化学意义
−	−	−	清洁水
+	−	−	表示水体受到新近污染
+	+	−	水体受到污染不久，且正在分解中
−	+	−	污染物已经分解，但未完全自净
−	+	+	污染物已基本分解完全，但未自净
−	−	+	污染物已无机化，水体已基本自净
+	−	+	有新的污染，在此前的污染已基本自净
+	+	+	以前受到污染，正在自净过程中，且又有新的污染

注：表中"−"表示未检出，"+"表示检出。

本实验氨氮的测定采用纳氏试剂分光光度法（HJ 535—2009）。其原理是以游离态氨或铵根离子等形成存在的氨氮与纳氏试剂反应生成黄色络合物，该络合物的吸光度与氨氮含量成正比，可在 420nm 波长下比色测定吸光度，该方法的检出限为 0.025mg/L，测定上限为 2.0mg/L（以 N 计）。

本实验亚硝酸盐氮和硝酸盐氮的测定采用离子色谱法。离子色谱法是以低交换容量的离子交换树脂为固定相对离子性物质进行分离，用电导检测器连续检测流出物电导变化的一种色谱方法。离子交换树脂上分布有固定的带电荷的基团和能离解的离子。当样品进入离子色谱交换色谱柱后，用适当的洗脱液洗脱，样品离子即与树脂上能离解的离子连续进行可逆交换，最后达到平衡。不同阴离子（如 F$^-$、Cl$^-$、NO$_2^-$、NO$_3^-$、SO$_4^{2-}$ 等）与阴离子树脂之间亲和力不同，其在树脂上的保留时间不同，从而达到分离的目的，因此可以根据保留时间进行定性分析，还可以根据峰高或峰面积进行定量分析。

此外，测定亚硝酸盐氮和硝酸盐氮的方法有很多，如 N-(萘-1-基)-乙二胺分光光度法测定亚硝酸盐氮（GB 7493—1987）、紫外分光光度法测定硝酸盐氮（HJ/T 346—2007）等，此书不赘述相关方法，如有需要，可查阅相关国家标准。

三、实验仪器与试剂

1. 仪器

（1）采样器。

（2）紫外可见分光光度计。

（3）瑞士万通 792 Basic IC 离子色谱仪。

（4）50mL 比色管、容量瓶、抽滤瓶、滤纸、$0.45\mu m$ 或 $0.22\mu m$ 过滤头、进样器等常规实验器材。

2. 试剂

（1）铵标准储备液：1000mg/L，称取 3.819g 氯化铵（NH_4Cl，$100\sim105℃$ 烘干 2h），溶于水中，移入 1000mL 容量瓶，定容至标线，可在 $2\sim5℃$ 保存一个月。

（2）铵标准使用溶液：10mg/L，取 5.00mL 铵标准储备液于 500mL 容量瓶中，用水稀释定容至标线。临用前配制。

（3）纳氏试剂。

（4）酒石酸钾钠溶液：500g/L，称取 50g 酒石酸钾钠（$C_4H_4KNaO_6 \cdot 4H_2O$）溶于 100mL 水中，加热煮沸以去除氨，冷却后，定容至 100mL。

（5）50mmol/L 的硫酸溶液：量取 98% 浓硫酸 2.8mL，缓缓地加入超纯水中，并不断搅拌，用超纯水定容至 1000mL。

（6）洗脱液：1.8mmol/L Na_2CO_3，1.7mmol/L $NaHCO_3$ 混合溶液，称取 0.1908g 碳酸钠和 0.1428g 碳酸氢钠，用超纯水溶解，并定容至 1000mL。

（7）亚硝酸盐氮和硝酸盐氮标准储备液

1000mg/L $NO_3^- $-N（以 N 计）标准储备液：称取 7.215g 分析纯硝酸钾（摩尔质量为 101g/mol），用超纯水溶解，并用容量瓶定容到 1000mL。此时硝酸盐氮浓度（以 N 计）为 1000mg/L，即 1000mg（$NO_3^- $-N）/L，相当于 4428mg（$NO_3^-$）/L。如加入 2mg/L 氯仿保存，溶液可稳定半年以上。

1000mg/L $NO_2^- $-N（以 N 计）标准储备液：称取 4.9286g 亚硝酸钠，超纯水溶解，并用容量瓶定容到 1000mL。此时亚硝酸盐氮浓度（以 N 计）为 1000mg/L，即 1000mg（$NO_2^- $-N）/L，相当于 3286mg（$NO_2^-$）/L。此溶液贮存在棕色试剂瓶中，加入 1.00mL 氯仿，$2\sim5℃$ 保存，可以稳定一个月。

（8）亚硝酸盐氮和硝酸盐氮标准使用液

100mg/L $NO_3^- $-N 标准使用液：取 1000mg/L $NO_3^- $-N（以 N 计）标准储备液 10.00mL，用超纯水稀释定容至 100mL，此时 $NO_3^- $-N 的浓度是 100mg/L（以 N 计）。

100mg/L $NO_2^- $-N 标准使用液：取 1000mg/L $NO_2^- $-N（以 N 计）标准储备液 10.00mL，用超纯水稀释定容至 100mL，此时 $NO_2^- $-N 的浓度是 100mg/L（以 N 计）。

（9）超纯水。

四、实验步骤

1. 样品采集

首先进行水样采集，选取不同的采样地点，记录采样地点的位置，采集水样，回到实验室后，要对水样进行预处理，再进行相应的指标测定。

水体自净程度的指标测定与评价（操作一）

2. 氨氮的测定

（1）标准曲线的绘制

取 8 支 50mL 比色管，分别加入铵标准溶液（含氨氮 10mg/L）0.00mL、0.50mL、1.00mL、2.00mL、4.00mL、6.00mL、8.00mL、10.00mL，加无氨水稀释至刻度。在上述各比色管中，分别加入 1.00mL 酒石酸钾钠溶液，摇匀，再加 1.50mL 纳氏试剂，摇匀放置 10min。用 20mm 比色皿，在波长 420nm 处，以试剂空白为参比测定吸光度，绘制氨氮浓度-吸光度标准曲线。

水体自净程度的指标测定与评价（操作二）

（2）水样氨氮浓度的测定

水样采集后，对于较为清洁的水样，可以直接取 50.00mL 水样置于 50mL 比色管中。分别加入 1.00mL 酒石酸钾钠溶液，摇匀，再加 1.50mL 纳氏试剂，摇匀放置 10min。用 20mm 比色皿，在波长 420nm 处，以试剂空白为参比测定吸光度，并从氨氮浓度-吸光度标准曲线上查得水样中氨氮的浓度。若氨氮含量过高，可酌情取适量水样用无氨水稀释至 50mL 后，再按上述步骤测定。

对于有悬浮物或色度干扰的水样，可按照本教材第一章第一节实验三中的预处理步骤对水样进行预蒸馏处理，然后再进行测定。

注意：根据待测样品的质量浓度，也可以选择 10mm 比色皿。

3. 亚硝酸盐氮和硝酸盐氮的测定

本教材采用离子色谱法测定水体中亚硝酸盐和硝酸盐氮，采用的洗脱液是 1.8mmol/L Na_2CO_3 ＋1.7mmol/L $NaHCO_3$ 混合溶液。测定步骤及方法请严格按照视频操作完成，基本流程如下：

（1）开机，选择基线采集程序，运行基线采集，运行 1h 左右，直至基线平稳。

（2）利用亚硝酸盐氮和硝酸盐氮标准使用液［100mg/L（以 N 计）］，采用超纯水配制 1mg/L、2mg/L、5mg/L、10mg/L、20mg/L 的标准溶液。此时也可以配制亚硝酸盐和硝酸盐混合标准溶液。

（3）基线采集结束后，修改仪器程序为样品测定程序，上机测定标准溶液，记录响应信号的峰面积，根据相应浓度和峰面积的对应关系，绘制峰面积-浓度标准曲线。

（4）标准溶液测定结束后，上机测定待测水样的响应信号，记录实验数据（峰面积），根据标准曲线，确定水样中亚硝酸盐氮和硝酸盐氮的浓度。

（5）样品实验结束后，更改仪器运行程序为基线采集程序，清洗色谱柱，运行 1~2h 后，根据相应程序关机，结束实验。

五、数据处理

1. 绘制标准曲线。

2. 根据标准曲线，确定待测水样相应物质的浓度。

3. 根据结果，查阅相关资料，对水质进行分析和评价。

六、注意事项

1. 请自行查阅相关书籍和资料，熟悉离子色谱的原理。

2. 具体的上机操作方法请观看录制的视频资料，严格按照规范方法操作。

3. 水样在进行离子色谱测定之前，要用 $0.45\mu m$ 过滤头进行多次过滤。

4. 由于所测指标比较分散，学生在对水样进行预处理后，不要集中测定氨氮，可以先上机测定硝态氮和亚硝态氮，合理安排时间。

5. 关于硝酸盐或亚硝酸盐标准浓度的测定，每组学生自行配制和测定。

七、思考题

1. 天然水体中氮的来源有哪些？水体中氮污染的危害有哪些？

2. 查阅相关资料，提出 1~2 项控制氮源污染的方法和措施。

 实验四　水体富营养化程度的指标测定与评价

一、实验目的和要求

1. 能够利用实验结果，初步判断水体污染状况，并分析水体富营养化的形成原因。

2. 能够运用水质监测指标初步评价水体富营养化状况，推测成因并提出解决方案。

二、实验原理和方法

富营养化（eutrophication）是指在人类活动的影响下，生物所需的氮、磷等营养物质大量进入湖泊、河口、海湾等缓流水体，引起藻类及其他浮游生物迅速繁殖，水体溶解氧量下降，水质恶化，鱼类及其他生物大量死亡的现象。

水体富营养化程度的评价指标分为物理指标、化学指标和生物学指标。物理指标主要是透明度，化学指标包括溶解氧和氮、磷等营养物质浓度等，生物学指标包括优势浮游生物种类、生物群落结构与多样性和生物现存量等。常用的指标有总磷、总氮、叶绿素 a 含量等。本实验主要测定总磷、总氮和叶绿素 a 含量，并以此对相应水体富营养化状况进行评价（参见表 3-6）。

水体富营养化程度的指标测定与评价（理论）

表 3-6　水体富营养化程度划分

富营养化程度	叶绿素 a/(mg/m³)	总磷（TP)/(mg/m³)	总氮（TN)/(mg/m³)
极贫	≤1.0	<2.5	≤30
贫-中	≤2.0	≤5.0	≤50
中	≤4.0	≤25.0	≤300
中-富	≤10.0	≤50.0	≤500
富	≤64.0	≤200.0	≤2000
重富	>64.0	>200.0	>2000

1. 叶绿素 a 的测定

叶绿素 a 的含量可反映水体的绿色植物存在量。将色素用丙酮萃取，测量其吸光度值，便可以得到叶绿素 a 的含量，并以此估计该水体的绿色植物存在量。

2. 总磷的测定

在酸性溶液中，将各种形态的磷转化成磷酸根离子（PO_4^{3-}）。随后用钼酸铵和酒石酸锑钾与之反应，生成磷钼锑杂多酸，再用抗坏血酸把它还原为深色钼蓝，再用分光光度计对其吸光度进行测定。

砷酸盐与磷酸盐一样也能生成钼蓝，0.1g/mL 的砷就会干扰测定。六价铬、二价铜和亚硝酸盐能氧化钼蓝，使测定结果偏低。

3. 总氮的测定

在 120~124℃ 的碱性基质条件下，用过硫酸钾作氧化剂，将水样中氨氮、亚硝酸盐氮和大部分有机氮化合物氧化为硝酸盐。而后，用紫外分光光度法分别于波长 220nm 与 275nm 处测定其吸光度，按式 $A = A_{220} - 2A_{275}$ 计算校正吸光度 A，总氮含量（以 N 计）与 A 成正比。

三、实验仪器与试剂

1. 仪器

（1）可见分光光度计。

（2）高压灭菌锅。

（3）移液管：1mL、2mL、10mL。

（4）容量瓶：100mL、250mL。

（5）比色管：50mL。

（6）具塞小试管：10mL。

（7）玻璃纤维滤膜、剪刀、玻璃棒、夹子。

2. 试剂

（1）浓硫酸。

（2）浓盐酸。

水体富营养化程度的指标测定与评价（操作一）

水体富营养化程度的指标测定与评价（操作二）

（3）1mol/L 硫酸溶液。

（4）2mol/L 盐酸溶液。

（5）盐酸溶液：1＋9。

（6）硫酸溶液：1＋1。

水体富营养化程
度的指标测定与
评价（操作三）

（7）硫酸溶液：1＋35。

（8）氢氧化钠溶液：$\rho(NaOH)=20g/L$。称取 20.0g 氢氧化钠溶于少量
水中，稀释至 1000mL。

水体富营养化程
度的指标测定与
评价（操作四）

（9）1％酚酞溶液：1g 酚酞溶于 90mL 乙醇中，加水至 100mL。

（10）丙酮：水溶液：9∶1（体积比）。

（11）50g/L 过硫酸钾溶液：将 5g 过硫酸钾（$K_2S_2O_8$）溶解于水，并稀
释定容至 100mL。

（12）100g/L 抗坏血酸溶液：溶解 100g 抗坏血酸于水中，并定容至 100mL。

（13）钼酸铵溶液：将 20g（NH_4）$_6Mo_7O_{24}$·$4H_2O$ 溶于 500mL 蒸馏水中，用塑料瓶
在 4℃时保存。溶解 0.35g 酒石酸锑钾（$C_4H_4KO_7Sb$·$1/2H_2O$）于 100mL 水中。在不断
搅拌下把钼酸铵溶液徐徐加到 300mL 硫酸（6）中，加酒石酸锑钾溶液并且混合均匀。

（14）磷标准贮备溶液：称取（0.2197±0.001)g 于 110℃干燥 2h 在干燥器中放冷的磷
酸二氢钾（KH_2PO_4），用水溶解后转移至 1000mL 容量瓶中，加入大约 800mL 水、5mL
硫酸（6），用水稀释至刻度并混匀。1.00mL 此标准溶液含 50.0μg 磷。

（15）磷标准溶液：将 10.00mL 的磷标准贮备溶液（14）转移至 250mL 容量瓶中，用
水稀释至刻度并混匀。1.00mL 此标准溶液含 2.0μg 磷。使用当天配制。

（16）碱性过硫酸钾溶液：称取 40.0g 过硫酸钾溶于 600mL 水中（可置于 50℃水浴中
加热至全部溶解），另称取 15.0g 氢氧化钠溶于 300mL 水中。待氢氧化钠溶液温度冷却至
室温后，混合两种溶液定容至 1000mL，存放于聚乙烯瓶中，可保存一周。

（17）硝酸钾标准贮备液：$\rho(N)=100mg/L$。称取 0.7218g 硝酸钾（105～110℃烘干
2h）溶于无氨水中，定容至 1000mL，混匀。加入 2.00mL 三氯甲烷作为保护剂，0～10℃
暗处保存，可稳定 6 个月。

（18）硝酸钾标准使用液：$\rho(N)=10.00mg/L$。量取 10.00mL 硝酸钾标准贮备液（17）
至 100mL 容量瓶中，用水稀释至标线，混匀，临用现配。

四、实验步骤

1. 样品的采集

选取校园或周边两处水体采样，作为本实验的测定水样（详细记录采样地点）。

总磷：采集 500mL 水样后加入 1.00mL 浓硫酸调节样品的 pH 值，使之低于或等于 1
或不加任何试剂于冷处保存。（含磷量较少的水样，不要用塑料瓶采样，因磷酸盐易吸附在
塑料瓶壁上。）

总氮：将采集好的样品贮存在聚乙烯瓶或硬质玻璃瓶中，用浓硫酸调节 pH 值至 1～2，
常温下可保存 7d。贮存在聚乙烯瓶中，－20℃冷冻，可保存一个月。

叶绿素 a：样品采集后应在 0～4℃避光保存、运输，24h 内运送至检测实验室过滤（若样品 24h 内不能送达检测实验室，应现场过滤，滤膜避光冷冻运输），样品滤膜于−20℃避光保存，14d 内分析完毕。

2. 叶绿素 a 的测定

（1）用量筒量取一定量水样经玻璃纤维滤膜过滤，根据水体的营养状态确定取样体积，见表 3-7，记录过滤水样的体积（$V_{萃取液}$）。将样品滤膜放置于研磨装置中，加入 3～4mL 丙酮溶液，研磨至糊状。补加 3～4mL 丙酮溶液，继续研磨，并重复 1～2 次，保证充分研磨 5min 以上。将完全破碎后的细胞提取液转移至玻璃刻度离心管中，用丙酮溶液冲洗研钵及钵杆，一并转入离心管中，定容至 10mL。

（2）将离心管中的研磨提取液充分振荡混匀后，用铝箔包好，置于 4℃浸泡提取 2h 以上，不超过 24h。在浸泡过程中要颠倒摇匀 2～3 次。

（3）将离心管放入离心机中，以相对离心力 1000g（转速 3000～4000r/min）离心 10min。然后用 0.45μm 聚四氟乙烯有机相针式滤器过滤上清液得到叶绿素 a 的丙酮提取液（试样）待测。

（4）将试样移至 10mm 比色皿中，以丙酮溶液为参比，于波长 750nm、664nm、647nm、630nm 处测量吸光度；750nm 波长处的吸光度应小于 0.005，否则需要重新用针式滤器过滤后测定。

表 3-7　参考过滤样品体积

营养状况	富营养	中营养	贫营养
过滤体积/mL	100～200		500～1000

3. 总磷的测定（GB 11893—1989）

（1）标准曲线的绘制：分别取 0.00mL、0.50mL、1.00mL、3.00mL、5.00mL、10.00mL、15.00mL 磷标准溶液于 7 支 50mL 比色管中，稀释至 25mL 并做好标签。

（2）将所取的水样混匀后，取 25mL 于 50mL 比色管中（如样品中含磷浓度较高，试样体积可以减少），每个样品 3 个平行，并做好标签。（如用硫酸保存水样，当用过硫酸钾消解时，需先将试样调至中性。）

（3）于 13 支比色管中加入过硫酸钾溶液 4mL，旋紧密封盖，用布将塞子包紧，将比色管放入高压灭菌锅，温度达 120℃后，消解 30min。

（4）消解结束后，将比色管取出，待管内液体冷却至室温后，用蒸馏水定容至约 50mL。

（5）向比色管中加入 1.00mL 抗坏血酸溶液混匀，30s 后加 2mL 钼酸盐溶液充分混匀。

（6）室温下放置 15min 后，使用光程为 30mm 的比色皿，在 700nm 波长下，以水作参比，测定吸光度。扣除空白试验的吸光度后，从工作曲线上查得磷的含量。（①如显色时室温低于 13℃，可在 20～30℃水浴上显色 15min 即可。②消解的方法也可采用视频中的替代方法。）

（7）以试剂空白作参比，用 30mm 比色皿，于 700nm 波长处测定吸光度。

4. 总氮的测定（HJ 636—2012）

（1）标准曲线的绘制：分别量取 0.00mL、0.20mL、0.50mL、1.00mL、3.00mL 和

7.00mL 硝酸钾标准使用液于 25mL 具塞磨口玻璃比色管中，其对应的总氮（以 N 计）含量分别为 0.00μg、2.00μg、5.00μg、10.00μg、30.00μg 和 70.00μg，加水稀释至 10.00mL 并做好标签。

（2）量取 10.00mL 试样于 25mL 具塞磨口玻璃比色管中，每个样品 3 个平行，并做好标签。（试样中的含氮量超过 70μg 时，可减少取样量并加水稀释至 10.00mL。）试样用氢氧化钠溶液或硫酸溶液调节 pH 值至 5～9，待测。

（3）用 10.00mL 水代替试样，按照步骤（2）进行空白试验测定。

（4）于 13 支比色管中加入 5.00mL 碱性过硫酸钾溶液，塞紧管塞，用纱布和线绳扎紧管塞，以防弹出。将比色管放入高压灭菌锅，于温度 120～124℃之间，消解 30min。

（5）消解结束后，将比色管取出，待管内液体冷却至室温后，按住管塞将比色管中的液体颠倒混匀 2～3 次。（若比色管在消解过程中出现管口或管塞破裂，应重新取样分析。）

（6）向比色管中加入 1.00mL 盐酸溶液，用水稀释至 25mL 标线，盖塞混匀。

（7）零浓度的校正吸光度 A_b、其他标准系列的校正吸光度 A_s 及其差值 A_r，按式（3-7）～式（3-9）进行计算。以总氮（以 N 计）含量（μg）为横坐标，对应的 A_r 值为纵坐标，绘制校准曲线。

干扰及消除：

① 水样中含有六价铬离子及三价铁离子时，可加入 5％盐酸羟胺溶液 1～2mL 以消除其对测定的影响。

② 碘离子及溴离子对测定有干扰。测定 20μg 硝酸盐氮时，碘离子含量相对于总氮含量的 0.2 倍时无干扰；溴离子含量相对于总氮含量的 3.4 倍时无干扰。

③ 碳酸盐及碳酸氢盐对测定的影响，在加入一定量的盐酸后可消除。

④ 硫酸盐及氯化物对测定无影响。

五、数据处理

1. 叶绿素 a 的测定

待测液中叶绿素 a 的含量（$\rho_{待}$，mg/L）计算如式（3-4）所示：

$$\rho_{待} = 11.85(A_{664} - A_{750}) - 1.54(A_{647} - A_{750}) - 0.08(A_{630} - A_{750}) \qquad (3\text{-}4)$$

式中　　　　A_{664}——664nm 波长下测得的吸光度值；

　　　　　　A_{750}——750nm 波长下测得的吸光度值；

　　　　　　A_{647}——647nm 波长下测得的吸光度值；

　11.85、1.54、0.08——校正系数；

　　　　　　A_{630}——630nm 波长下测得的吸光度值。

水样中叶绿素 a 的浓度（$\rho_{水}$，μg/L）采用式（3-5）进行换算：

$$\rho_{水} = \rho_{待} V_1 / V_{样品} \qquad (3\text{-}5)$$

式中　$\rho_{待}$——待测液中叶绿素 a 的含量，mg/L；

　　V_1——试样的定容体积，mL；

　$V_{样品}$——取样体积，L。

2. 总磷的测定

所有数据记录于表 3-8 和表 3-9 中。

表 3-8　总磷标准曲线测定数据记录表

编号	1	2	3	4	5	6	7
标液用量/mL							
总磷含量/(mg/L)							
吸光度							

表 3-9　水样总磷含量测定数据记录表

编号	水样 1-1	水样 1-2	水样 1-3	水样 2-1	水样 2-2	水样 2-3
吸光度						
总磷含量/(mg/L)						
总磷平均值±标准偏差/(mg/L)						

由标准曲线查得测定水样磷的浓度，按式（3-6）计算水中磷的含量：

$$\rho_P = nC_{测} \tag{3-6}$$

式中　n——稀释倍数；

ρ_P——水中磷的含量，mg/L；

$C_{测}$——由标准曲线上查得测定水样磷的浓度，mg/L。

根据测定结果，并查阅有关资料，分析评价水体富营养化状况。

3. 总氮的测定

所有数据记录于表 3-10 和表 3-11 中。

表 3-10　总氮标准曲线测定数据记录表

编号		1	2	3	4	5	6
标液用量/mL							
总氮含量/(mg/L)							
吸光度	A_{220}						
	A_{275}						

表 3-11　水样总氮含量测定数据记录表

编号		水样 1-1	水样 1-2	水样 1-3	水样 2-1	水样 2-2	水样 2-3	空白
吸光度	A_{220}							
	A_{275}							
总氮含量/(mg/L)								
总氮平均值±标准偏差/(mg/L)								

零浓度的校正吸光度 A_b、其他标准系列的校正吸光度 A_s 及其差值 A_r，按式（3-7）~式（3-9）进行计算。以总氮（以 N 计）含量（μg）为横坐标，对应的 A_r 值为纵坐标，绘

制校准曲线。

$$A_b = A_{b220} - 2A_{b275} \tag{3-7}$$

$$A_s = A_{s220} - 2A_{s275} \tag{3-8}$$

$$A_r = A_s - A_b \tag{3-9}$$

式中　A_b——零浓度（空白）溶液的校正吸光度；

　　　A_{b220}——零浓度（空白）溶液于波长 220nm 处的吸光度；

　　　A_{b275}——零浓度（空白）溶液于波长 275nm 处的吸光度；

　　　A_s——标准溶液的校正吸光度；

　　　A_{s220}——标准溶液于波长 220nm 处的吸光度；

　　　A_{s275}——标准溶液于波长 275nm 处的吸光度；

　　　A_r——标准溶液校正吸光度与零浓度（空白）溶液校正吸光度的差。

参照式（3-7）～式（3-9）计算试样校正吸光度和空白试样校正吸光度差值 A_r，样品中总氮的质量浓度 ρ（mg/L）按式（3-10）进行计算。

$$\rho = (A_r - a)f / bV \tag{3-10}$$

式中　ρ——样品中总氮（以 N 计）的质量浓度，mg/L；

　　　A_r——试样的校正吸光度与空白试样校正吸光度的差值；

　　　a——校准曲线的截距；

　　　b——校准曲线的斜率；

　　　V——试样体积，mL；

　　　f——稀释倍数。

当测定结果小于 1.00mg/L 时，保留两位有效数字；大于等于 1.00mg/L 时，保留三位有效数字。

六、注意事项

1.注意统筹安排实验时间，建议先做叶绿素 a 实验的前处理，再做总磷测定的前处理，然后测水样中的总磷，最后测定叶绿素 a。

2.实验记录要注意干净整洁，做完实验要经老师签字认可。

3.实验操作中要严格遵守实验室纪律，注意保护仪器和器材，打破器材需要登记。消解时注意安全。

4.实验结束后，要把实验台上的仪器、器材、试剂、工具等放回原来的位置，并打扫卫生，经老师同意后方可离开。

七、思考题

1.水体中氮、磷的主要来源有哪些？

2.使用乙醇法提取叶绿素较丙酮法有哪些优点？

3.评价所测水样的水体富营养化水平，并描述水样的外观。

实验五 生物质活性炭的制备及其对甲基橙模拟废水净化效果的评价

一、实验目的和要求

1.理解磷酸活化农林废弃物（玉米芯纤维浆）的原理，阐述微波法制备生物质活性炭的机理，分析活性炭吸附甲基橙的影响因素，理解活性炭吸附甲基橙的特性。

2.综合运用生物质活性炭处理有机废水，解决废水中有机物难处理的问题。

二、实验原理和方法

1.磷酸活化玉米芯纤维浆的原理

在磷酸浸渍植物纤维原料过程中，形成了无机物磷酸和生物高分子相互渗透、相互影响的无机物磷酸-生物高分子复合体。所形成的无机物磷酸-生物高分子复合体的化学组成主要包括无机物磷酸与生物有机高分子高聚糖和木质素等成分，其结构则包括磷酸在生物高分子中的分散状态和细胞壁的结构等。

磷酸活化过程中活化剂磷酸的作用机理主要包括水解、脱水、芳构化、交联及成孔 5种作用，具体内容详见参考文献［12］。

2.生物质活性炭对甲基橙的吸附作用及其机理

生物质活性炭丰富的结构特性（表面官能团、稠芳环结构）提供了大量的吸附位点，除了通过表面吸附作用吸附污染物外，稠芳环结构与芳香性污染物有着 π-π 电子授受作用。表面吸附作用主要研究了极性有机污染物和弱极性有机污染物在吸附剂表面的吸附特性，发现吸附量与比表面积有关。吸附形式主要包括通过分子间作用力进行的物理吸附、通过不同化学作用进行的化学吸附，以及孔填充作用。其中产生物理吸附的分子间作用力主要有范德华力、氢键、π-π 电子授受作用。

分配作用是生物炭吸附有机污染物的另一个主要作用，主要用来描述将有机污染物分配到生物炭的不完全炭化组分的过程。低温生物炭含有较多的未完全炭化组分，在吸附时将有机污染物通过分配作用分配到该组分。随着制备温度升高，生物炭未完全炭化组分转变为炭化组分，分配作用减小，表面吸附作用增强。

三、实验仪器与试剂

1.仪器

（1）超声仪。

（2）微波炉。

（3）紫外-可见分光光度计。

（4）振荡器。

（5）离心机。

（6）分析天平。

（7）坩埚。

（8）烧杯、吸量管、锥形瓶、容量瓶、比色管（50mL）等常规玻璃容器若干。

2. 试剂

（1）磷酸（分析纯）。

（2）甲基橙。

（3）商业活性炭。

四、实验步骤

1. 生物质活性炭的制备

（1）H_3PO_4 溶液的配制

准确量取 30mL H_3PO_4（分析纯，85%）和 17mL 超纯水混合均匀，得到 H_3PO_4 体积分数为 60% 的溶液，备用。

（2）生物质活性炭的制备

称取 10g（m_1）农林废弃物于 100mL 烧杯中，加入 40mL 配制的磷酸（体积分数 60%），搅拌均匀。经超声仪（功率 400W）超声处理 1.0h 后，转移至坩埚中，微波炉（功率 600W）处理 5min 后，用超纯水洗涤数次，直至洗涤液为中性（用 pH 试纸检测）。将制备的生物质活性炭于 105℃ 烘干至恒重，粉碎，过 150 目筛，称量活性炭质量（m_2），采用式（3-11）计算活性炭得率。将制备好的活性炭装袋备用，编号为 1 号活性炭。

2. 活性炭处理甲基橙模拟废水

（1）甲基橙模拟废水的配制

称取甲基橙 0.1000g，移入烧杯中，加入适量去离子水，用玻璃棒进行搅拌至完全溶解状态，移入事先准备好的 1L 容量瓶中，定容，配制出 100mg/L 甲基橙模拟废水，装瓶密封，用于绘制标准曲线以及吸附实验。

（2）绘制标准曲线

取 50mL 比色管 5 支，分别加入 0.00mL、3.00mL、6.00mL、12.00mL、18.00mL 浓度为 100mg/L 的甲基橙溶液，用水稀释至刻度。以去离子水为参比，510nm 处测定甲基橙溶液的吸光度，记录数据，绘制吸光度对甲基橙含量（mg/L）的标准曲线。

（3）生物质活性炭吸附甲基橙模拟废水

① 取 6 个 250mL 的锥形瓶，分别编号为 1、2、3、4、5、6。分别加入 100mg/L 的甲基橙溶液 100mL。

② 分别称取约 0.4g 活性炭，向 1、2、3 号锥形瓶分别加入 1 号活性炭；向 4、5、6 号锥形瓶分别加入商业活性炭，需准确记录活性炭的质量。

③ 将 6 个锥形瓶用塞子塞好后，置于振荡器上，振荡约 3.0h，其中摇速为 120r/min，温度为 25℃。

④ 每隔 20min，从锥形瓶中取 5mL 上清液（如有生物质活性炭残留，需先用一次性注射器吸取液体经 0.45μm 针筒过滤器过滤处理），放入比色管中，测定 510nm 处吸光度，并记录。

⑤ 通过标准曲线法确定吸附后溶液中甲基橙的残余浓度。

3. 活性炭等温吸附特性评价

取 1 号活性炭用于等温吸附性能研究。

① 取 6 个 100mL 的锥形瓶，分别加入 100mg/L 的甲基橙溶液 50mL。

② 分别称取 0.01g、0.015g、0.02g、0.03g、0.04g 生物质活性炭（准确记录生物质活性炭的质量），加入锥形瓶中。

③ 将 6 个锥形瓶用塞子塞好后，分为 3 组，每组 2 个锥形瓶。将 3 组锥形瓶分别置于 30℃、40℃ 和 50℃ 的振荡器上，振荡约 3h，其中摇速为 120r/min。

④ 从锥形瓶中取 5mL 上清液，经 0.45μm 微孔滤膜过滤后，放入比色管中，于 510nm 处测定吸光度，并记录。

⑤ 通过标准曲线法确定吸附后溶液中甲基橙的平衡浓度 C_e。根据式（3-12）计算不同活性炭用量下的平衡吸附量 q_e。

五、数据处理

1. 计算生物质活性炭得率

按照式（3-11）计算：

$$活性炭得率 = \frac{m_2}{m_1} \times 100\% \tag{3-11}$$

式中　m_1——称取废弃物的质量，mg；

　　　m_2——处理后所得活性炭的质量，mg。

2. 绘制拟合参数值和等温吸附线

（1）q_e 的计算方法

$$q_e = \frac{(C_o - C_e)V}{m} \tag{3-12}$$

式中　C_o——甲基橙溶液初始浓度，mg/L；

　　　C_e——甲基橙溶液吸附平衡浓度，mg/L；

　　　V——所用溶液体积，mL；

　　　m——称取生物质活性炭的质量，g。

（2）拟合参数值和等温吸附线

以 C_e 为横坐标，q_e 为纵坐标绘制吸附等温线，采用 Langmuir 等温式进行等温吸附曲线拟合，得到 25℃、40℃、55℃ 下生物质活性炭吸附甲基橙的拟合参数值和等温吸附线，如式（3-13）。

$$q_e = \frac{k_L q_{max} C_e}{1 + k_L C_e} \tag{3-13}$$

式中　q_e——平衡时生物质活性炭吸附甲基橙模拟废水吸附量，mg/g；

q_{max}——单位质量生物质活性炭吸附模拟废水饱和吸附量，mg/g；

C_e——甲基橙溶液吸附平衡浓度，mg/L；

k_L——Langmuir 吸附常数，L/mg。

（3）等温拟合参数表

等温拟合参数表见表 3-12。

表 3-12　等温拟合参数

模拟废水	$T/℃$	Langmuir		
		q_{max}	k_L	$R^{2①}$
甲基橙废水	25			
	40			
	55			

① R 为相关系数。

六、注意事项

1. 实验过程需穿戴整洁，并穿实验服。

2. 实验过程需操作规范，数据记录及处理认真、严谨。

3. 实验过程用到酸溶液，注意安全。

4. 如果废水的吸光度值过大，需要将废水稀释 5~10 倍后再测吸光度。

七、思考题

1. 试分析温度对生物质活性炭去除废水中甲基橙的效果影响。

2. 通过文献调研，简要说明生物质在污染物去除过程中有哪些应用。

 实验六　维生素 B_{12} 对微藻生长性能及沼液净化效果评价

一、实验目的和要求

1. 运用相关测试方法测试微藻的光合性能、生长性能及废水的化学需氧量，综合分析环境因子维生素 B_{12} 浓度对微藻的促生长作用。

2. 理解微藻生物处理废水的现实意义，能根据废水的实际情况对净化实验进行初步实验设计，明确分析方法。

二、实验原理和方法

微藻净化沼液：使用沼液养殖藻类，在去除 N、P 营养盐的同时可获得藻类的生物质，进而用于水产养殖、动物饲料、产生沼气等。废水养殖藻类的主要优势在于较为低廉的技术成本和较少的能耗，同时，藻类光合作用产生的氧气可取代机械曝气。因此，运用富含

N、P 营养盐及化学需氧量（COD）的污水进行藻类养殖，同时达到了污水的生物修复、营养盐去除和生物质增长等多重目的。

维生素 B_{12}（钴胺素）是一种复杂的含 Co^{2+} 的改性四吡咯，这种物质可以作为 C1 代谢（一碳代谢）和相关自由基反应的辅因子，但它是一种只能被原核生物分泌生成的物质。自然界很多藻类尽管可以进行光合作用，但近乎一半的藻类为维生素 B_{12} 营养缺陷型藻类，如小球藻不能合成维生素 B_{12}，必须在环境中摄取生命活动所必需的 B_{12}。有研究表明，在维生素 B_{12} 依赖型藻类的培养中，藻细胞个体的增加和生物量的增长与外源提供的维生素 B_{12} 的含量成正比。因此，维生素 B_{12} 是微藻生长的重要调节物质之一。

本实验运用模拟沼液培养小球藻，外源添加维生素 B_{12}，降低沼液中污染物质的同时，增加小球藻的生物量。在实验过程中，研究维生素 B_{12} 浓度对小球藻生长性能和光合性能以及沼液中 COD 含量的影响，评价小球藻生物净化沼液的效果。

三、实验仪器与试剂

1. 仪器

（1）立式压力蒸汽灭菌锅。

（2）紫外-可见分光光度计。

（3）掌上水体叶绿素荧光仪。

（4）离心机。

（5）摇床光照培养箱。

（6）超净工作台。

（7）分析天平。

（8）锥形瓶（250mL）、容量瓶、烧杯、移液管、量筒等常规玻璃实验容器若干。

2. 试剂

（1）小球藻。

（2）BG11 培养基。

（3）丙酮。

（4）浓硫酸。

（5）重铬酸钾标准溶液 $[c(1/6K_2Cr_2O_7)=0.2500mol/L]$：称取预先在 120℃烘干 2h 的基准或优级纯重铬酸钾 12.258g 溶于水中，移入 1000mL 容量瓶，稀释至标线，摇匀。

（6）试亚铁灵指示剂：称取 1.485g 邻菲罗啉（$C_{12}H_8N_2 \cdot H_2O$）和 0.695g 硫酸亚铁（$FeSO_4 \cdot 7H_2O$）溶于水中，稀释至 100mL，贮于棕色瓶中。

（7）硫酸亚铁铵标准溶液：硫酸亚铁铵标准溶液 $[c(NH_4)_2Fe(SO_4)_2 \cdot 6H_2O \approx 0.1mol/L]$：称取 39.5g 硫酸亚铁铵溶于水中，边搅拌边缓慢加入 20mL 浓硫酸，冷却后移入 1000mL 容量瓶中，加水稀释至标线，摇匀。临用前，用重铬酸钾标准溶液标定。标定方法：准确吸取 10.00mL 重铬酸钾标准溶液于 500mL 锥形瓶中，加水稀释至 110mL 左右，缓慢加入 30mL 浓硫酸，摇匀。冷却后，加入 3 滴试亚铁灵指示剂，用硫酸亚铁铵溶液滴定，溶液的颜色由黄色经蓝绿色至红褐色即为终点，计算如式（3-14）所示：

$$C = (0.2500 \times 10.00)/V \qquad (3-14)$$

式中　C——硫酸亚铁铵标准溶液的浓度，mol/L；

　　　V——硫酸亚铁铵标准溶液的用量，mL。

四、实验步骤

1. 小球藻基本指标测定

（1）小球藻藻密度测定

取 4～5mL 小球藻液于石英比色皿中，在波长 680nm 处测定吸光度 OD，将 OD 值代入式（3-16），计算小球藻的藻密度值。

（2）小球藻叶绿素 a 含量测定

首先，将 10mL 小球藻液样品进行离心处理，转速为 6000r/min，离心 10min，离心后弃去上清液。将所得沉淀溶于 10mL 体积分数 90% 的丙酮中，将样品置于旋涡振荡仪混匀，然后置于 4℃黑暗环境中处理 24h。将样品取出后再次进行离心处理，离心转速为 4000r/min，离心 15min。离心后的上清液用于叶绿素 a（chl-a）浓度测定。分光光度法测定波长为 630nm、647nm、664nm 和 750nm 的吸光度，以 90%丙酮溶液作为空白对照。叶绿素 a 浓度（μg/L）通过式（3-15）计算：

$$\text{chl-a} = [11.85(\text{OD}_{664} - \text{OD}_{750}) - 2.16(\text{OD}_{647} - \text{OD}_{750}) + 0.10(\text{OD}_{630} - \text{OD}_{750})]V$$

$$(3-15)$$

式中　chl-a——叶绿素浓度，μg/L；

　　　OD_{664}——664nm 波长下样品测得的吸光度值；

　　　OD_{750}——750nm 波长下样品测得的吸光度值；

　　　OD_{647}——647nm 波长下样品测得的吸光度值；

　　　OD_{630}——630nm 波长下样品测得的吸光度值；

　　　V——样品体积，mL。

（3）小球藻光合性能测试

取 5.00mL 藻液黑暗处理 10min 后，迅速放入藻类叶绿素荧光测定仪，测定光合参数，得到叶绿素荧光诱导（OJIP）曲线及参数，具体参数含义如表 3-13 所示。

表 3-13　根据叶绿素荧光诱导曲线获得的参数

参数	说明
F_M	当所有反应中心完全关闭时的荧光，即暗适应后的最大荧光强度
F_V	在 t 时的可变荧光强度
PI_{ABS}	以吸收光能为基础的性能指数
$\varPsi_O$	捕获的激子将电子传递到电子传递链中超过初级醌受体（Q_A）的其他电子受体的概率（在 $t=0$ 时）
$\varPhi_{Eo}$	用于电子传递的量子产额（在 $t=0$ 时）
$\varPhi_{Do}$	用于热耗散的量子比率（在 $t=0$ 时）

2. 小球藻净化沼液

（1）模拟沼液的配制

按照表 3-14 各组分用量，准确称取 0.8g 葡萄糖、0.752g 尿素、0.203g 磷酸二氢钠、

0.0203g 磷酸二氢钾、0.004g 氯化钙和 0.002g 硫酸镁于 100mL 烧杯中，完全溶解后转移至 1L 容量瓶中定容。将配制的模拟沼液分装至 9 个 250mL 锥形瓶中（每瓶 50mL 沼液），用封口膜封口，高压灭菌备用。

表 3-14   模拟沼液组分表

成分	质量浓度/(g/L)	成分	质量浓度/(g/L)
葡萄糖	0.800	KH_2PO_4	0.0203
尿素	0.752	$CaCl_2$	0.004
$NaH_2PO_4 \cdot 2H_2O$	0.203	$MgSO_4$	0.002

（2）维生素 B_{12} 溶液配制

准确称取 0.0136g 维生素 B_{12}，用无菌水溶解后转移至 10mL 容量瓶中，定容，得到浓度为 10^{-5} mol/L 的维生素 B_{12} 溶液，备用。

（3）小球藻净化模拟沼液

在超净台上向锥形瓶（含 100mL 沼液）中分别加入 1.00mL 和 10μL 10^{-5} mol/L 的维生素 B_{12} 溶液，得到维生素 B_{12} 浓度为 10^{-7} mol/L 和 10^{-9} mol/L 的模拟沼液，空白试验加入相同量的无菌水。取 50mL 小球藻液离心，并用无菌水洗涤 2 次，将藻泥在超净台中转移至已灭菌的模拟沼液中。将小球藻置于摇床培养箱中培养，摇床温度 25℃，摇速 120r/min，光照 2000lx，黑暗比为 12h 光照：12h 黑暗，培养 7d 后，测试小球藻的生长性能、光合性能和沼液 COD 含量。

3. 沼液中营养盐去除率测定

（1）取 20.00mL 沼液置于 250mL 磨口回流锥形瓶中，准确加入 10.00mL 重铬酸钾标准溶液及数粒小玻璃珠或沸石，连接磨口回流冷凝管，从冷凝管上口慢慢地加入 30mL 硫酸-硫酸银溶液，轻轻摇动锥形瓶使溶液混匀，加热回流 2h（自开始沸腾计时）。

（2）冷却后，用 90.00mL 水冲洗冷凝管壁，取下锥形瓶。溶液总体积不得少于 140mL，否则因酸度太大，滴定终点不明显。

（3）溶液再度冷却后，加 3 滴试亚铁灵指示液，用硫酸亚铁铵标准溶液滴定，溶液的颜色由黄色经蓝绿色至红褐色即为终点，记录硫酸亚铁铵标准溶液的用量。

（4）测定沼液的同时，取 20.00mL 重蒸馏水，按同样操作步骤做空白试验。记录滴定空白时硫酸亚铁铵标准溶液的用量。

五、数据处理

1. 绘制藻密度与 OD 的标准曲线

如式（3-16）所示，计算藻密度，然后绘制藻密度与 OD 的标准曲线。

$$藻密度(\times 10^6) = 23.925 \times OD_{680} - 0.0246 \tag{3-16}$$

2. 计算 COD

如式（3-17）所示，计算 COD（mg/L）。

$$COD_{Cr}(O_2) = 8 \times 1000(V_0 - V_1)C/V \tag{3-17}$$

式中 C——硫酸亚铁铵标准溶液的浓度，mol/L；

V_0——滴定空白时硫酸亚铁铵标准溶液用量，mL；

V_1——滴定水样时硫酸亚铁铵标准溶液用量，mL；

V——水样的体积，mL；

8——氧（1/20）摩尔质量，g/mol。

3.计算 COD 去除率

如式（3-18）所示，计算沼液处理前后 COD 的去除率（RE）。

$$RE = \frac{COD_{初} - COD_{终}}{COD_{初}} \times 100\%$$ (3-18)

式中 $COD_{初}$——沼液净化前 COD 含量，mg/L；

$COD_{终}$——沼液净化后 COD 含量，mg/L。

六、注意事项

1.实验过程需穿戴整洁，并穿实验服。

2.实验过程需操作规范，数据记录及处理认真、严谨。

3.超净工作台使用前需紫外光照射 20min。

4.紫外-分光光度计使用前，需提前预热 20min。

5.使用掌上水体叶绿素荧光仪时要轻拿轻放。

七、思考题

1.试分析维生素 B_{12} 如何影响微藻的生长性能和光合性能。

2.试分析微藻的生长性能与沼液净化效果之间的关系。

 实验七 土壤阳离子交换量的测定与评价

一、实验目的和要求

1.能够熟练利用氯化钡-硫酸交换法测定土壤阳离子交换量，并深刻理解土壤阳离子交换量的内涵及其环境化学意义。

2.能够借助阳离子交换量的大小，初步识别土壤的缓冲性能，判断其对土壤污染物迁移转化的影响。

二、实验原理和方法

土壤阳离子交换量（cation exchange capacity，CEC），是指土壤胶体所能吸附的各种阳离子的总量，常用单位为厘摩尔每千克（cmol/kg）。阳离子交换量的大小，可作为评价土壤吸附能力、缓冲能力的参考指标。阳离子交换量是土壤缓冲性能的主要来源，是改良土壤和合理施肥的重要依据。因此，土壤阳离子交换量的测定是十分重要的，对于研究污染物的环境行为有重大意义。它能调节土壤溶液的浓度，保证土壤溶液成分的多样性，因而保持了土壤溶液的"生理平衡"，同时还可以保持各种养分免于被雨水淋失。

土壤是环境中污染物迁移、转化的重要场所，土壤胶体以其巨大的比表面积和带电性而使土壤具有吸附性。土壤的吸附性和离子交换性能又使它成为重金属类污染物的主要归宿。土壤胶体指土壤中黏土矿物与腐殖酸以及相互结合形成的复杂有机矿物质复合体，其所吸附的阳离子包括 K^+、Na^+、Mg^{2+}、NH_4^+、H^+、Al^{3+} 等。土壤阳离子交换量的测定受多种因素影响，如交换剂的性质、盐溶液浓度和 pH 值、淋洗方法等，必须严格掌握操作技术才能获得可靠的结果。

目前，土壤阳离子交换量常用的测定方法有乙酸铵离心交换法、中性乙酸铵淋洗法、氯化铵-乙酸铵离心交换法、氯化钡-硫酸交换法等。本实验采用氯化钡-硫酸交换法测定土壤阳离子交换量。

首先将土壤用中性盐 $BaCl_2$ 饱和，土壤中存在的各种阳离子可被 $BaCl_2$ 水溶液中的阳离子（Ba^{2+}）等价交换，洗去剩余的氯化钡后，再用强电解质（硫酸溶液）把交换到土壤中的 Ba^{2+} 交换下来（图 3-1）。由于生成了硫酸钡沉淀，而且氢离子的交换吸附能力很强，使交换反应基本趋于完全（实际上，由于交换平衡，交换反应不能完全进行）。当增大溶液中交换剂的浓度、增加交换次数时，可使交换反应趋于完全。

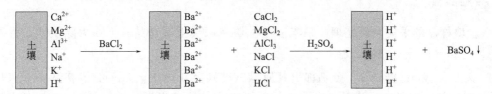

图 3-1　土壤阳离子交换量的测定原理示意图

通过测定交换反应前后硫酸含量的变化，可以计算出消耗硫酸的量，进而计算出阳离子交换量。用不同方法测得的阳离子交换量的数值差异较大，在报告及结果应用时应注明方法。

三、实验仪器与试剂

1. 仪器

（1）离心机。

（2）离心管：50mL。

（3）锥形瓶：100mL。

（4）量筒：50mL。

（5）移液管：10.00mL、25.00mL。

（6）碱式滴定管：25.00mL。

2. 试剂

（1）氯化钡溶液：称取 60g 氯化钡（$BaCl_2 \cdot 2H_2O$）溶于水中，转移至 500mL 容量瓶中，用水定容。

（2）0.1g/100mL 酚酞指示剂：称取 0.1g 酚酞溶于 100mL 乙醇中。

（3）硫酸溶液（0.1mol/L）：移取 5.36mL 浓硫酸至 1000mL 容量瓶中，用水稀释至刻度。

（4）标准氢氧化钠溶液（≈0.1mol/L）：称取 2g 氢氧化钠溶解于 500mL 煮沸后冷却的蒸馏水中。其浓度（N_{NaOH}）需要标定。

标定方法：各称取两份 0.5000g 邻苯二甲酸氢钾（预先在烘箱中 105℃ 烘干）于 250mL 锥形瓶中，加 100mL 煮沸后冷却的蒸馏水溶解，再加 4 滴酚酞指示剂，用配制好的氢氧化钠标准溶液滴定至淡红色。再用煮沸后冷却的蒸馏水做一个空白试验，并从滴定邻苯二甲酸氢钾的氢氧化钠溶液体积中扣除空白值。计算公式如式（3-19）所示：

$$N_{NaOH} = \frac{W \times 1000}{(V_1 - V_0) \times 204.23} \tag{3-19}$$

式中　W——邻苯二甲酸氢钾的质量，g；

　　　V_1——滴定邻苯二甲酸氢钾消耗的氢氧化钠体积，mL；

　　　V_0——滴定蒸馏水空白消耗的氢氧化钠体积，mL；

　　204.23——邻苯二甲酸氢钾的摩尔质量，g/mol。

四、实验步骤

1.土壤样品的采集及预处理：采集表层土壤及深层土壤样品若干，去除杂质，自然风干，过 2mm（10 目）筛孔的筛子。

2.取 4 只 50mL 离心管，分别称出其质量（准确至 0.0001g，下同）。在其中 2 只加入 1.0g 表层风干土壤样品，其余 2 只加入 1.0g 深层风干土壤样品，并做标记。向各管中加入 20mL 氯化钡溶液，用玻璃棒搅拌 5min 后，以 3000r/min 转速离心至下层土样紧实为止。弃去上清液，再加 20mL 氯化钡溶液，重复上述操作。

3.在各离心管内加 20mL 蒸馏水，用玻璃棒搅拌 1min 后，离心沉降，弃去上清液。称出离心管连同土样的质量。移取 25.00mL 0.1mol/L 硫酸溶液至各离心管中，搅拌 10min 后，放置 20min，以 3000r/min 转速离心沉降，将上清液分别倒入 4 只试管中，再从各试管中分别移取 10.00mL 上清液至 4 只 100mL 锥形瓶中。同时，分别移取 10.00mL 0.1mol/L 硫酸溶液至另外 2 只锥形瓶中（用作空白）。在这 6 只锥形瓶中分别加入 10mL 蒸馏水、1 滴酚酞指示剂，用标准氢氧化钠溶液滴定，溶液转为红色并数分钟不褪色为终点。

五、数据处理

按式（3-20）计算土壤阳离子交换量（CEC）：

$$CEC = \frac{[A \times 25 - B \times (25 + G - W - W_0)N]}{W_0 \times 10} \times 100 \tag{3-20}$$

式中　CEC——土壤阳离子交换量，cmol/kg；

　　　A——滴定 0.1mol/L 硫酸溶液（空白）消耗标准氢氧化钠溶液的体积，mL；

B——滴定离心沉降后的上清液消耗标准氢氧化钠溶液的体积，mL；

　　G——离心管连同土样的质量，g；

　　W——空离心管的质量；g；

　　W_0——称取的土样质量，g；

　　N——标准氢氧化钠溶液的浓度，mol/L。

六、注意事项

　　1.实验所用的玻璃器皿应洁净干燥，以免造成实验误差。

　　2.离心时注意，处在对应位置上的离心管应配平，避免质量不平衡情况的出现。

　　3.用不同方法测得的阳离子交换量的数值差异较大，在报告及结果应用时应注明方法。

七、思考题

　　1.结合所得数据分析评价该土壤的阳离子交换能力。

　　2.说明土壤离子交换和吸附作用对污染物迁移转化的影响。

 实验八　厌氧发酵过程中挥发性脂肪酸总量的测定

一、实验目的和要求

　　1.能够熟练利用比色法测定厌氧发酵液中总挥发性脂肪酸（VFAs）的含量，熟悉测定方法和步骤。

　　2.能够根据 VFAs 含量的大小，初步识别厌氧发酵过程的特性，判断厌氧发酵过程的稳定状态。

二、实验原理和方法

　　挥发性脂肪酸（volatile fatty acids，VFAs），是脂肪酸的一种，一般是具有 1～6 个碳原子碳链的有机酸，包括乙酸、丙酸、正丁酸、异丁酸、戊酸、异戊酸等。它们的共同特点是具有很强的挥发性，故称挥发性脂肪酸。

　　挥发性脂肪酸是厌氧消化过程的重要中间产物，水解酸化菌或产氢产乙酸菌等将大分子有机物分解形成 VFAs，产甲烷菌主要利用 VFAs 形成甲烷，只有少部分甲烷利用 CO_2 和 H_2 形成。厌氧发酵过程是多种微生物协同作用的结果，VFAs 作为重要的中间代谢产物，在厌氧反应器中的积累能反映出反应器的不稳定状态，较高的 VFAs 浓度对产甲烷菌有抑制作用，同时降低体系的 pH 值，进一步抑制产甲烷菌的活性，从而导致厌氧发酵过程失衡。因此，厌氧发酵过程中，一般将出水的 VFAs 作为重要控制指标。

　　VFAs 的测定有很多方法，如气相色谱法、液相色谱法等。本实验采用经验的比色法测定 VFAs 总量，属于较为简便的一种，但无法测定出具体某种酸的含量。

测定原理是含挥发性脂肪酸的样液，在加热的条件下，与酸性乙二醇作用生成酯，此酯与羧胺反应，形成氧肟酸。在高铁试剂存在下，氧肟酸转化为高铁氧肟酸的棕红色络合物，其颜色深浅在一个较大范围内与反应初始物——挥发性脂肪酸的含量成正比，故可用比色法测定。

三、实验仪器与试剂

1. 仪器

（1）可见分光光度计。

（2）红外加热炉。

（3）试管。

（4）10mL 容量瓶。

（5）25mL 比色管。

（6）移液管、洗耳球及其他常规玻璃仪器若干。

2. 试剂

（1）1∶1 硫酸：浓硫酸（相对密度 1.84）加到同体积蒸馏水中稀释配制。

（2）酸性乙二醇试剂：取 30mL 乙二醇与 4.00mL 1∶1 硫酸（1）混合。

（3）4.5mol/L 氢氧化钠溶液：称取 180g 氢氧化钠溶于水中，冷却后用蒸馏水稀释至 1000mL。

（4）10％硫酸羟胺（或盐酸羟胺）溶液：称取硫酸羟胺（或盐酸羟胺）10g，溶于 100mL 蒸馏水中。

（5）羟胺试剂：量取 4.5mol/L 氢氧化钠溶液 20.00mL，与 5.00mL 10％羟胺溶液（4）混合。

（6）酸性氯化铁试剂：将 20.00g 分析纯 $FeCl_3 \cdot 6H_2O$ 溶于 500mL 水中，准确加入 20.00mL 浓硫酸，并以蒸馏水稀释至 1000mL。

四、实验步骤

1. 乙酸标准溶液的配制

精确称取乙酸（分析纯，相对密度 1.045，含量 99.0％）1.000g，以蒸馏水稀释至 100.00mL，此溶液含乙酸 10.00mg/mL（10.00g/L）。

准确吸取 10mg/mL 乙酸标准溶液 0.10mL、0.50mL、1.00mL、2.00mL、4.00mL、6.00mL、8.00mL、10.00mL，分别置于 10.00mL 容量瓶内，以蒸馏水定容至刻度，摇匀，即得 100mg/L、500mg/L、1000mg/L、2000mg/L、4000mg/L、6000mg/L、8000mg/L、10000mg/L 的乙酸系列标准溶液。

2. 标准曲线的绘制

分别吸取上述乙酸系列标准液 0.50mL 置于试管中，每管中准确加入 1.70mL 酸性乙二醇溶液，充分混合，于沸水浴中加热 3min，应避免试管与加热器壁直接接触。然后立即将试管置于冷水中冷却。再加入 2.50mL 羟胺试剂，充分振荡混匀，放置 1min，然后全部倒入盛有 10.00mL 酸性氯化铁试剂的 25mL 比色管中，用蒸馏水定容，并充分摇匀，静置 5min。用分光光度计在 500nm 波长处测定其吸光度，以乙酸浓度为横坐标，吸光度值为纵坐标，绘制标准曲线。

3. 待测样品的测定

待测厌氧发酵液经过稀释（记稀释倍数为 n）、过膜处理后，取 0.5mL 置于试管中，准确加入 1.70mL 酸性乙二醇试剂，充分混合，于沸水浴中加热 3min，应避免试管与加热器壁直接接触。然后立即将试管置于冷水中冷却。再加入 2.50mL 羟胺试剂，充分振荡混匀，放置 1min，然后全部倒入盛有 10.00mL 酸性氯化铁试剂的 25mL 比色管中，用蒸馏水定容，并充分摇匀，静置 5min。用分光光度计在 500nm 波长处测定其吸光度。同样操作以蒸馏水为空白，做空白试验 1 份。根据标准曲线及待测样品的吸光度值，确定待测样品的 VFAs 含量，以乙酸的浓度（mg/L）表示。

五、数据处理

总挥发性脂肪酸的含量如式（3-21）所示：

$$挥发性脂肪酸总量 = Cn \qquad (3\text{-}21)$$

式中　C——待测样品相应于标准曲线上乙酸的含量，mg/L；

　　　n——待测样品的稀释倍数。

六、注意事项

1. 此方法是挥发性脂肪酸总量的经验测定法，比蒸馏法测定更为简便、快速。除 150mg/L 以下的低浓度范围外，其测定值相对误差与气相色谱法测定总值的相对误差相近。

2. 此法中的反应是在严格 pH 值条件下进行的，最适 pH 值为 1.6 ± 0.1。pH 值高于 2.0 时，色度加剧，pH 值低于 1.0 时，颜色难以稳定，易消失。

3. 酸性乙二醇试剂和羟胺试剂宜使用时配制，也可在测定中配入。例如，以加入 1.50mL 乙二醇和 0.20mL 稀硫酸来代替 1.70mL 酸性乙二醇试剂，以 0.50mL 硫酸羟胺溶液和 2.00mL 4.5mol/L 氢氧化钠溶液来代替 2.50mL 羟胺试剂。

4. 酸性氯化铁配制好后，应静置过夜，弃去沉淀。

5. 必须严格遵守操作规程，显色反应必须充分摇动。

6. 比色法测定挥发性脂肪酸总量，方便快速，对于特定样品（特别是污水污泥体系）的准确度较高，适合于沼气发酵的常规分析。

七、思考题

1. 如何根据 VFAs 含量的变化判断厌氧发酵过程的稳定性？

2. 查阅资料，简要说明挥发性脂肪酸的测定还有哪些方法。

附　录

地表水的采集
与保存（理论）

附录一　水样（地表水）的采集与保存

一、目的

明确水样采集、保存和运输的技术要求，制定本技术要点。

二、主要参考依据

《HJ 493—2009 水质采样　样品的保存和管理技术规定》

《HJ 494—2009 水质　采样技术指导》

《HJ 495—2009 水质　采样方案设计技术规定》

《HJ/T 91—2002 地表水和污水监测技术规范》

《GB 3838—2002 地表水环境质量标准》

《国家地表水环境质量监测网监测任务作业指导书》

三、适用范围

适用于地表水点位监测样品采集、保存和流转工作，其他监测工作可参照执行。

四、工作程序与组织实施

1. 工作程序

地表水点位监测样品采集、保存和流转工作主要包括采样计划制定、采样准备、地表水样品采集、样品保存和流转等内容，工作程序如图 4-1 所示。

2. 组织实施

应按本技术规定的要求开展样品采集、保存和流转工作，对样品采集的有效性、准确性和规范性负责。

3. 人员要求

每次采样应针对性地组建专门的样品采集工作组，并且视情况增加工作组数量。每个工作组至少应包括采样计划制定与组织、样品采集、样品管理和质量管理等内容。样品采集人员应具有生态环境、地表水等相关专业知识，熟悉样品采样流程和要求，熟练掌握地表水采样的技术要求和相关设备的操作方法，熟悉样品保存、流转的条件和技术要求。

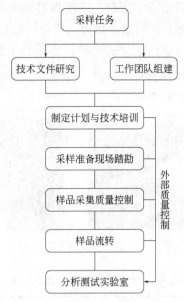

图 4-1　样品采集、保存和流转工作程序图

五、采样准备

1. 制定采样计划

一般情况下，在地表水采样监测之前，工作人员需要对地表水做一个详细的采样监测方案。这个方案主要包括以下几个方面的内容：

① 确定任务来源及要求（如国控、省控或者市控）；

② 确定监测项目，以便确定现场分析项目及相应分析仪器、采样工具（如沉降过滤、油类、生物监测）、采样分瓶（项目可以采一起或单独采样）、采样容器（如塑料瓶、玻璃瓶、专用瓶）和样品保存方式（如冷藏、冷冻、固定剂、避光）；

③ 确定监测频次；

④ 现场踏勘确定采样位置（GPS 定位、位置图）；

⑤ 确定采样点位数（河宽、水深）；

⑥ 确定采样工具及安全措施（有桥或无桥）；

⑦ 质控措施（现场平行、全程序空白、现场加标）。

2. 容器和仪器准备

（1）水样容器选择及清洗

在选择样品容器时应注意以下几个方面：

① 水样容器不能受到沾污；

② 容器壁不应吸收或吸附某些待测组分；

③ 容器不应与待测组分发生反应；

④ 容器能严密封口，且易于开启。

表 4-1 中所列洗涤方法指对在用容器的一般洗涤方法，如新启用容器，则应做更充分的清洗。水样容器的使用应做到定点、定项。应定期对水样容器清洗质量进行抽查，可通过将待抽查容器送本次考核监测分析测试单位进行检测，每批次抽查约 3%，检测其待测项目能否检出。待测项目水样容器空白值应低于分析方法的实验室检出限，否则应立即对实验条件、容器来源及清洗状况进行核查，查出原因并及时纠正，对涉及批次的样品视情况采取重新测试等措施。图 4-2 为部分采样容器。

图 4-2　采样容器

表 4-1　水样容器选择和洗涤方法

序号	项目	采样容器	采样量	洗涤方式
1	化学需氧量，高锰酸盐指数，氨氮，总氮	玻璃瓶	500mL	洗涤剂洗一次，自来水三次，蒸馏水一次
2	五日生化需氧量	玻璃瓶	1L	洗涤剂洗一次，自来水三次，蒸馏水一次
3	铜，锌，镉，铅，汞，硒，砷，六价铬	塑料瓶	500mL	洗涤剂洗一次，自来水两次，1＋3 硝酸荡洗一次，自来水三次，去离子水一次
4	氟化物，氰化物	塑料瓶	500mL	洗涤剂洗一次，自来水三次，蒸馏水一次
5	总磷，阴离子表面活性剂	玻璃瓶	250mL	铬酸洗液洗一次，自来水三次，蒸馏水一次
6	硫化物	棕色玻璃瓶	500mL	洗涤剂洗一次，自来水三次，蒸馏水一次
7	挥发酚	玻璃瓶	500mL	洗涤剂洗一次，自来水三次，蒸馏水一次
8	石油类	玻璃瓶	1L	洗涤剂洗一次，自来水两次，1＋3 硝酸荡洗一次，自来水三次，蒸馏水一次
9	粪大肠菌群	灭菌玻璃瓶	250mL	①经 160℃ 干热灭菌 2h，必须在两周内使用，否则应重新灭菌；②经 121℃ 高压蒸汽灭菌 15min，如不立即使用，应用 60℃ 将瓶内冷凝水烘干，两周内使用

（2）现场检测仪器设备

根据采样现场检测需要，准备 pH 计、溶解氧测定仪和电导率仪等现场检测设备及手持终端，应在实验室内准备好所需的仪器设备，检查设备运行状况，使用前进行校准，确保仪器的性能正常，符合使用要求。其他还包括：水质采样器、静置用容器、样品盛放容器、样品保存箱、密封条、标签、采样记录、绳索、测距仪、流量计（可测深度）、摄像机或相机、GPS、救生衣等，以及水温计、深水水温计、透明度盘等现场监测仪器。冰封期采样还需要冰钎、电动钻冰机、手摇冰钻。图 4-3 为采样装置。

(a) 地表水采样器　　(b) 石油类采样器　　(c) 重金属抽滤装置　　(d) BOD₅虹吸材料

图 4-3　采样装置

3. 采样位置

使用 GPS 保证监测断面位置的准确和固定。在一个监测断面上设置的采样垂线数和与各垂线上的采样点数按照表 4-2、表 4-3 和表 4-4 来执行，不允许只采集岸边样品。

特殊情况：

① 遇洪水季节，桥面被淹没，附近没有船只可以租用的特殊情况，无法按照规定布设垂线的断面，需拍照并在样品采集记录表中写明原因。

② 长江口、珠江口等入海口断面采样垂线数保持不变。

表 4-2　采样垂线数的设置

水面宽	垂线
≤50m	1 条（中泓）
50～100m	2 条（近左、右岸明显水流处）
>100m	3 条（左、中、右）

表 4-3　采样垂线上采样点数的设置

水深	采样点数
≤5m	上层一点（水面下 0.5m）
5～10m	上、下层两点（水面下 0.5m，水底上 0.5m）
>10m	上、中、下三点（水面下 0.5m，1/2 处，水底上 0.5m）

表 4-4　湖（库）采样垂线数的设置

水深	分层情况	采样点数
≤5m		一点（水面下 0.5m）
5～10m	不分层	两点（水面下 0.5m，水底上 0.5m）
	分层	三点（水面下 0.5m，1/2 斜温层，水底上 0.5m）
>10m		除水面下 0.5m，水底上 0.5m 处外，每一斜温层 1/2 处

六、技术要求

1. 按垂线及水深采集样品后可分别测定取平均值，也可以等比例混合测定。

2. 潮汐河流采集要求：受潮汐影响的监测断面，每次采集涨平和退平潮位水样，分别测定。

3.受降雨影响时的采集要求：遇到中到大雨时，采样后延，采样前至少连续 2 天无降水。

特殊情况：由于监测时效性要求（每月 10 号前），雨季时节，天气预报近期连续有雨，该月可适当放宽降雨天气等气候要求，并在采集记录表中明确监测时段天气，拍照记录河流及其周边情况。联合监测双方应协商一致，共同签字确认。

4.监测断面断流采集要求：监测断面断流（水面不连续、有零星水样或冰层下无水）可不采样，但需拍照并做好记录，当月与监测数据一同报送。

5.冰封期采集要求：冰面可站人（承受人体重量）时，需进行凿冰采样，冰面无法站人时，不采样。破开冰面后，观察水体是否为活水，如有水涌出，需进行采样，如为死水，不采样。无论采用什么方式钻冰孔，打完采样孔后，需进行清洗方可采样。在符合相关标准要求的情况下，尽量选择聚乙烯容器。采样时，如果环境温度过低，样品进入容器内即结冰，可不用样品荡洗。到现场前最好能将固定剂提前加入样品瓶中，防止水样倒入容器后冻冰而无法加入固定剂或无法与固定剂混匀。

6.安全注意事项：

① 为了保证工作人员、仪器安全，必须考虑气象条件，在大面积和水较深的水体上采样，要使用救生圈、救生衣和救生绳；

② 采样船要坚固，在各种水域中采样时都要防止商船和捕捞船只靠近，要正确使用信号旗，以表明正在进行工作的性质；

③ 尽可能避免从不安全的河岸等危险地点采样，如果不能避免，要采用相应的安全措施，并注意不要单人行动。

七、地表水样品采集

1.水温、 pH值、溶解氧、电导率

此类项目为现场监测项目。

2.常规项目

高锰酸盐指数、化学需氧量、氨氮、总氮、总磷、六价铬、硒、砷、汞、氰化物、氟化物、挥发酚、硫化物、阴离子表面活性剂以及入海控制断面监测项目（硝酸盐、亚硝酸盐、氯化物、硫酸盐、硅酸盐）为常规项目。

地表水的采
集与保存
（操作一）

（1）采样要求

采样前先用水样荡涤采样容器和盛样容器 2～3 次。采样时不可搅动水底部的沉积物，不能混入漂浮于水面上的物质。水样采集后自然沉降 30min，取上层非沉降部分。采集水样的体积不得少于表 4-1 中规定的最小采样量，贴好标签。

地表水的采
集与保存
（操作二）

（2）注意事项

① 如果监测断面水样清澈，现场可不进行自然沉降，直接进行水样分装。

② 现场无论是否进行了自然沉降，水样返回实验室后，进行实验室分析时，必须摇匀后检测，不可再次沉降。

③ 是否进行现场自然沉降需在采样记录表中说明。

3. 五日生化需氧量

单独采样，且使用干燥的采样容器。采样前，不对采样容器进行冲洗。采集的水样不进行自然沉降。采样时不可搅动水底部的沉积物，不能混入漂浮于水面上的物质。需要对水样分装时，必须取用同一个采样器同一次采集的水样，以确保样品的一致性。分装时，采用虹吸法分样，吸管进水尖嘴应插至水样表层 50mm 以下位置。将水样采集于棕色玻璃瓶中，水样必须注满，上部不留空间，使用溶解氧瓶时需用水封口，样品量不少于 1000mL。

4. 重金属铅、铜、锌、镉、铁、锰

（1）采样要求

采样前先用水样荡涤采样容器和盛样容器 2～3 次。采样时不可搅动水底部的沉积物，不能混入漂浮于水面上的物质。采集的水样必须在现场立即用 $0.45\mu m$ 的微孔滤膜过滤后装于聚乙烯采样瓶中，采集水样的体积不得少于方法规定的采样量，贴好标签。

（2）注意事项

① 每次过滤后需用去离子水清洗，以防止样品之间污染。

② $0.45\mu m$ 的微孔滤膜建议选择 5cm 直径的滤膜。

③ 水样过滤后，立即加硝酸保存，$\rho(HNO_3)=1.42g/mL$。酸化至 pH 值为 1～2，每 1000mL 样品加入 2mL 硝酸（1+1 硝酸）。

5. 石油类

单独采样，且使用干燥的采样容器。采样前，不对采样容器进行冲洗。采样前先破坏可能存在的油膜，在水面至 300mm 采集柱状水样，采集的水样全部用于测定。用 1000mL 样品瓶（专用石油瓶或玻璃瓶）采集。不适合采集混合样品，需采取单独储存方式。

6. 粪大肠菌群

单独采样，且使用干燥的采样容器。采样前，不对采样容器进行冲洗。握住灭菌瓶下部直接将带塞采样瓶插入水中，距水面 10～15cm 处，瓶口朝水流方向，拔玻璃塞，使水样灌入瓶内然后盖上瓶塞，将采样瓶从水中取出。如果没有水流，可握住瓶子水平前推。采样完毕，迅速扎上无菌包装纸。

7. 叶绿素 a

单独采样，且使用干燥的样品瓶。采样前，不对样品瓶进行冲洗。如果水样中含沉降性固体（如泥沙等），用铝箔避光沉降 30min，取上层水样转移至棕色硬质玻璃瓶。

图 4-4 为地表水采样技术要求的总结。

八、样品保存

采集的水样分瓶后，首先应根据实验室采用的分析方法，按照表 4-5 的要求，立即加

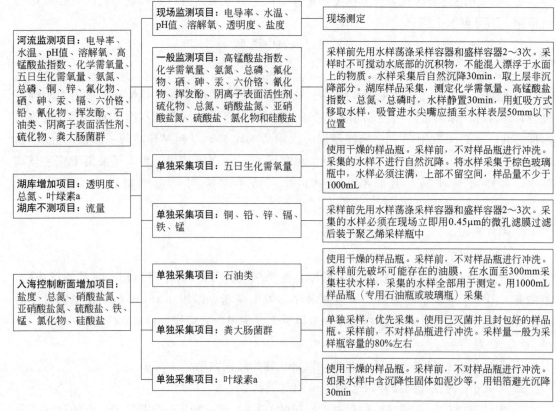

| 河流监测项目：电导率、水温、pH值、溶解氧、高锰酸盐指数、化学需氧量、五日生化需氧量、氨氮、总磷、铜、锌、氟化物、硒、砷、汞、镉、六价铬、铅、氰化物、挥发酚、石油类、阴离子表面活性剂、硫化物、粪大肠菌群 |
| 现场监测项目：电导率、水温、pH值、溶解氧、透明度、盐度 → 现场测定 |
| 一般监测项目：高锰酸盐指数、化学需氧量、氨氮、总磷、氟化物、硒、砷、汞、六价铬、氰化物、挥发酚、阴离子表面活性剂、硫化物、总氮、硝酸盐氮、亚硝酸盐氮、硫酸盐、氯化物和硅酸盐 → 采样前先用水样荡涤采样容器和盛样容器2~3次。采样时不可搅动水底部的沉积物，不能混入漂浮于水面上的物质。水样采集后自然沉降30min，取上层非沉降部分。湖库样品采集，测定化学需氧量、高锰酸盐指数、总氮、总磷时，水样静置30min，用虹吸方式移取水样，吸管进水尖嘴应插至水样表层50mm以下位置 |

图 4-4　地表水采样技术要求

入保存剂。保存剂使用符合国家标准的分析纯试剂，必要时采用优级纯。明确提出冷藏要求的项目，在运输过程中就必须按照冷藏要求存放在冷藏设备中，不允许回到实验室后再放入冷藏设备中。

运输过程中冷藏设备要求：可放入带制冷功能的便携式冷藏箱（冷藏箱体不透光），调节温度于1~5℃之间；若冷藏箱不带制冷功能，使用冰袋保证冷藏箱的温度，需要在运输过程中每隔一段时间检查低温保存箱的温度，确保温度处于1~5℃之间。图4-5和图4-6为样品的保存剂和冷藏箱。

表 4-5　采集样品的保存要求

序号	测定项目	保存期限	采样容器	保存剂	保存要求
1	化学需氧量	5d（0~5℃）	玻璃瓶	硫酸	使水样 pH 值≤2
	高锰酸盐指数	2d（0~5℃）			
2	氨氮	7d（0~5℃）	玻璃瓶	硫酸	使水样 pH 值≤2
	总氮	7d			
3	总磷	24h（0~5℃）	玻璃瓶	硫酸	使水样 pH 值≤1
4	铜、锌、镉、铅	14d	塑料瓶	硝酸	使硝酸含量达到1%
5	硒、砷	14d	塑料瓶	盐酸	1L 水样中加浓 HCl 2mL

序号	测定项目	保存期限	采样容器	保存剂	保存要求
6	汞	14d	塑料瓶	盐酸	1L 水样中加浓 HCl 5mL
7	六价铬	24h	塑料瓶	0.005mol/L 氢氧化钠溶液	加氢氧化钠溶液，水样 pH 值约为 8
8	阴离子表面活性剂	24h（0～5℃）	玻璃瓶	—	—
9	硫化物	7d	棕色玻璃瓶	乙酸锌-乙酸钠溶液、氢氧化钠溶液	1L 水样中先加入乙酸锌-乙酸钠溶液 2mL，再采集水样，加入 1mL 氢氧化钠溶液，水样充满容器，不留空气
10	挥发酚	24h（0～5℃）	玻璃瓶	磷酸、硫酸铜	磷酸调节 pH 值约为 4，1L 水样中加入 1g 硫酸铜
11	石油类	3d（0～5℃）	玻璃瓶	盐酸	使水样 pH 值≤2
12	BOD$_5$	24h（0～5℃）	玻璃瓶	—	—
13	铁、锰	14d	玻璃瓶	硝酸	使硝酸含量达到 1%
14	粪大肠菌群	6h（0～5℃）	灭菌玻璃瓶	—	—

图 4-5　样品的保存剂

图 4-6　样品的冷藏箱

九、样品运输要求

1.水样采集后必须立即送回实验室。根据采样点的地理位置和每个项目分析前最长可保存的时间，选用适当的运输方式，在现场工作开始前就要安排好水样的运输工作，以防延误。

2.同一采样点的样品应装在同一包装箱内，如需分装在两个或几个箱子中，则需在每个箱内放入相同的现场采样记录。运输前，应检查现场采样记录上的所有水样是否全部装箱。在包装箱顶部和侧面标上"请勿倒置"的标记。

3.每个水样瓶均需贴上标签，内容有采样点位编号、采样时间、测定项目、保存方法，并写明用何种保存剂。

4.每个水样瓶必须妥善保存和密封，并装在包装箱内固定，以防运输途中破损。除了防震、避免日光照射和低温运输外，还要防止新的污染物进入容器和沾污瓶口使水样变质。

十、质控样采集

1.现场空白样品使用实验室准备的纯水，其余操作过程同样品采集过程一样。

2.按照质控计划，采集现场平行样品，等比例轮流分装成 2 份，并分别加入保存剂，注意不要装完一份样品再装另一份样品，导致平行性差。

3.石油类、粪大肠菌群不采集现场平行样。

十一、现场监测项目操作注意事项

1.水温测定操作注意事项

方法依据：《水质　水温的测定　温度计或颠倒温度计测定法》（GB 13195—1991）。

（1）须按照仪器使用说明书准备水温测定操作规程，供现场监测人员使用。

（2）表层水温计：适用于测量水的表层温度，测量范围−6～+40℃，分度值为 0.2℃。

（3）深水温度计：适用于水深 40m 以内水温的测量，测量范围−2～+40℃，分度值为 0.2℃。

（4）水样测定：将水温计投入水中至待测深度，感温 5min 后，迅速上提并立即读数。从水温计离开水面至读数完毕应不超过 20s；读数完毕后，将筒内水倒净。

（5）当现场气温高于 35℃或低于−30℃时，水温计在水中的停留时间要适当延长，以达到温度平衡。

（6）在冬季的东北地区读数应在 3s 内完成，否则水温计表面形成一层薄冰，影响读数的准确性。

（7）温度计应在检定有效期内使用。

（8）监测人员需要经过培训、考核合格后方可上岗。

2.pH测定操作注意事项

方法依据：《水质 pH 值的测定　电极法》（HJ 1147—2020）。

（1）须按照仪器使用说明书准备 pH 测定操作规程，供现场监测人员使用。

（2）水样测定：先用蒸馏水仔细冲洗电极，再用水样冲洗，然后将电极浸入水样中，小心搅拌或摇动，待读数稳定后记录 pH 值。

（3）由于不同复合电极构成各异，其浸泡方式会有所不同，有些电极要用蒸馏水浸泡，而有些则严禁用蒸馏水浸泡，须严格遵守操作手册，以免损伤电极。

（4）测定时，复合电极（含球泡部分）应全部浸入溶液中。

（5）为防止空气中二氧化碳溶入或水样中二氧化碳逸去，测定前不宜提前打开水样瓶塞。

（6）电极受污染时，可用低于 1mol/L 稀盐酸溶解无机盐垢，用稀洗涤剂（弱碱性）除去有机油脂类物质，用稀乙醇、丙酮、乙醚除去树脂高分子物质，用酸性酶溶液（如食母生片）除去蛋白质血球沉淀物，用稀漂白液、过氧化氢除去颜料类物质等。

（7）注意电极的出厂日期及使用期限，存放或使用时间过长的电极性能将变劣。

（8）pH 计应在检定有效期内使用。

（9）测试水样前，现场测定质控样。

（10）监测人员需要经过培训、考核合格后方可上岗。

3. 溶解氧测定操作注意事项

方法依据：《水和废水监测分析方法》（第四版）（增补版）中第三篇第三章——采用便携式溶解氧仪法测定溶解氧。

（1）须按照仪器使用说明书准备溶解氧测定操作规程，供现场监测人员使用。

（2）水样测定：将探头浸入样品，不能有空气泡截留在膜上，停留足够的时间，待探头温度与水温达到平衡，且数字显示稳定时读数。探头的膜接触样品时，样品要保持一定的流速，防止与膜接触的瞬间将该部位样品中的溶解氧耗尽，使读数发生波动。对于流动样品（例如河水）应检查水样是否有足够的流速（不得小于 0.3m/s），若水流速低于 0.3m/s，需在水样中往复移动探头，或者取分散样品进行测定。

（3）校正：必要时，根据所用仪器的型号和对测量结果的要求，检验水温、气压或含盐量，并对测定结果进行校正，同时在采样记录表上记录水温、气压和盐度。

（4）新仪器投入使用前、更换电极或电解液以后，应检查仪器的线性，一般每隔 2 个月运行 1 次线性检查。检查方法：通过测定一系列不同浓度蒸馏水样品中溶解氧的浓度来检查仪器的线性。向 3～4 个 250mL 完全充满蒸馏水的细口瓶中缓缓通入氮气泡，去除水中氧气，用探头时刻测量剩余的溶解氧含量，直到获得所需溶解氧的近似质量浓度，然后立刻停止通氮气，用碘量法测定水中准确的溶解氧质量浓度。若探头法测定的溶解氧浓度值与碘量法在显著性水平为 5% 时无显著性差异，则认为探头的响应呈线性。否则，应查找偏离线性的原因。

（5）电极的维护和再生：任何时候都不得用手触摸膜的活性表面。经常使用的电极建议存放在存有蒸馏水的容器中，以保持膜片的湿润。干燥的膜片在使用前应该用蒸馏水湿润活化。当电极的线性不合格时，就需要对电极进行再生。

（6）便携式溶解氧仪应在检定或校准有效期内使用。

（7）监测人员需要经过培训、考核合格后方可上岗。

4. 电导率测定操作注意事项

方法依据：《水和废水监测分析方法》（第四版）（增补版）中第三篇第一章九——采用便携式电导率仪测定电导率。

（1）须按照仪器使用说明书准备电导率测定操作规程，供现场监测人员使用。

（2）确保测量前仪器已按照校准程序经过校准。

（3）将电极插入水样中，注意电极上的小孔必须浸泡在水面以下。

（4）最好使用塑料容器盛装待测的水样。

（5）电导率随温度变化而变化，温度每升 1℃，电导率增加约 2%，通常规定 25℃为测定电导率的标准温度。

（6）便携式电导率仪应在检定有效期内使用。

（7）便携式电导率仪必须保证每月校准一次，更换电极或电池时也需校准。

（8）监测人员需要经过培训、考核合格后方可上岗。

5. 透明度测定操作注意事项

方法依据：《水和废水监测分析方法》（第四版）（增补版）中第三篇第一章五——采用塞氏盘法测定透明度。

（1）须按照仪器使用说明书准备透明度测定操作规程，供现场监测人员使用。

（2）水样测定：在监测船的背光侧，选择水面相对平稳处，将透明度盘平放于水中，缓慢下沉，直至刚好不能看见盘面的白色时，记录吊绳上刻度值，即为透明度，精确至 1cm。重复测量 2 次，更换另一个采样人员再测量 2 次。监测人员的 2 次测量结果相对偏差不大于 15%，人员之间的误差不大于 30%，则认为测量有效，否则需重新测量。

（3）透明度的测量需在晴好天气条件下的 10:00～14:00（若与北京有时差，根据实际时差采用当地时间）时间段进行为佳，阴天、雨天、波浪较大时不宜测量透明度。

（4）透明度的测量需在原始水生态条件下进行，若水面有漂浮植物或藻类水华等遮挡时，不需人为拨开后再测量。

（5）测量前需检查吊绳刻度是否完整且准确，若发现刻度缺失或移位等情况，需补充并重新标定。

（6）测量过程中监测人员需处于离水面较近的位置，不宜在桥上或岸边测量。

（7）铁质透明度盘或配重锤的硬质塑料盘一般约 2kg，若在水流较快盘面倾斜的情况下，需要增加重锤质量，保证盘面水平、吊绳垂直。

（8）测量过程中需将盘在"刚好看见"与"刚好不能看见"之间上下多次移动，以确认"刚好不能看见"的位置。

（9）透明度盘使用时间较长或其他原因导致盘面白色变黄时，应重新涂白。

（10）监测人员需要经过培训、考核合格后方可上岗。

地表水水质评价主要参考《地表水环境质量标准》（GB 3838—2002）和《地表水环境质量评价办法（试行）》（环办〔2011〕22 号），前者是强制执行的国家标准，主要评价地表水是否达标，后者是生态环境部办公厅印发的评价地表水水质的规范，主要为了客观反映地表水环境质量状况及其变化趋势，规范地表水环境质量评价工作。前者是后者的依据，后者是前者的补充和延伸。

一、《地表水环境质量标准》（GB 3838—2002）

《地表水环境质量标准》（GB 3838—2002）中将标准项目分为地表水环境质量标准基本项目（24 项）、集中式生活饮用水地表水源地补充项目（5 项）和集中式生活饮用水地表水源地特定项目（80 项）。地表水环境质量标准基本项目适用于全国江河、湖泊、渠道、水库等具有使用功能的地表水水域；集中式生活饮用水地表水源地补充项目和特定项目适用于集中式生活饮用水地表水源地一级保护区和二级保护区。

水环境质量
评价一

《地表水环境质量标准》（GB 3838—2002）评价的是具有使用功能的地表水水域，那么使用功能都有哪些呢？依据地表水水域环境功能和保护目标，将地表水功能划分为五类，从高到低依次为：

水环境质量
评价二

Ⅰ类：主要适用于源头水、国家自然保护区；

Ⅱ类：主要适用于集中式生活饮用水地表水源地一级保护区、珍稀水生生物栖息地、鱼虾类产场、仔稚幼鱼的索饵场等；

水环境质量
评价三

Ⅲ类：主要适用于集中式生活饮用水地表水源地二级保护区、鱼虾类越冬场、洄游通道、水产养殖区等渔业水域及游泳区；

Ⅳ类：主要适用于一般工业用水区及人体非直接接触的娱乐用水区；

Ⅴ类：主要适用于农业用水区及一般景观要求水域。

对应地表水上述五类水域功能，将地表水环境质量标准基本项目标准值分为五类，不同功能类别分别执行相应类别的标准值。同一水域兼有多类使用功能的，执行最高功能类别对应的标准值。

地表水环境质量评价应根据应实现的水域功能类别，选取相应类别标准，进行单因子评价，评价结果应说明水质达标情况，超标的应说明超标项目和超标倍数。单因子评价的意思是最差的指标决定该断面的水质类别。

由于《地表水环境质量标准》（GB 3838—2002）出台的时间较早，总氮、粪大肠菌群等指标的限值不适合当前的形势，《地表水环境质量评价办法（试行）》中规定，地表水水质评价指标为：《地表水环境质量标准》（GB 3838—2002）中基本项目除水温、总氮、粪大肠菌群以外的 21 项指标。水温、总氮、粪大肠菌群作为参考指标单独评价（河流总氮除外）。因此，评价地表水水质类别以及是否达标的指标应该为 21 项，如果在日常的水质评价过程中，没有选择 21 项进行评价，则应该把评价指标说清楚。

举例：某断面监测了 6 项指标，详细的数值如表 4-6 所示，按照环境功能区目标要求，该断面所在水域为水产养殖区，需要达到Ⅲ类标准，请对该断面水质进行评价。

表 4-6　某断面监测的 6 项指标及水质类别

项目	溶解氧 /(mg/L)	高锰酸盐指数 /(mg/L)	五日生化 需氧量 /(mg/L)	氨氮 /(mg/L)	化学需氧量 /(mg/L)	总磷 /(mg/L)	水质类别
半路桥	6.1	4.4	2.8	0.56	18	0.24	Ⅳ
标　准	Ⅱ	Ⅲ	Ⅰ	Ⅲ	Ⅲ	Ⅳ	

评价结果：以溶解氧、高锰酸盐指数、五日生化需氧量、氨氮、化学需氧量、总磷 6 项指标进行评价，半路桥断面水质类别为Ⅳ类，未达标，超标指标为总磷，超标倍数为 0.2 倍。

二、《地表水环境质量评价办法（试行）》

为客观反映全国地表水环境质量状况及其变化趋势，规范全国地表水环境质量评价工作，依据《地表水环境质量标准》（GB 3838—2002）和有关技术规范，2011 年 3 月，生态环境部制定了《地表水环境质量评价办法（试行）》，主要用于评价全国地表水环境质量状况。

《地表水环境质量评价办法（试行）》主要有三部分内容：第一部分基本规定，主要规定了水质评价和营养状态评价的评价指标以及数据统计方式；第二部分评价方法，主要规定了河流、湖泊的水质评价方法以及区域的水质评价方法；第三部分水质变化趋势分析方法，主要规定了不同时段定量比较和水质变化趋势分析。

1. 基本规定

地表水水质评价指标为：《地表水环境质量标准》（GB 3838—2002）表 1 中除水温、总氮、粪大肠菌群以外的 21 项指标。水温、总氮、粪大肠菌群作为参考指标单独评价（河流不用单独评价总氮指标）。湖泊、水库营养状态评价指标为：叶绿素 a（chl-a）、总磷（TP）、总氮（TN）、透明度（SD）和高锰酸盐指数（COD_{Mn}）共 5 项。

周、旬、月水质评价可采用一次监测数据；有多次监测数据时，应采用多次监测结果的算术平均值进行评价。季度评价一般应采用 2 次以上（含 2 次）监测数据的算术平均值进行评价。年度评价，以每年 12 次监测数据的算术平均值进行评价，对于少数因冰封期等原因无法监测的断面（点位），一般应保证每年至少有 8 次以上（含 8 次）的监测数据参与评价。

2. 评价方法

（1）河流水质评价方法

① 断面水质评价。河流断面水质类别评价采用单因子评价法，即根据评价时段内该断面参评的指标中类别最高的一项来确定。描述断面的水质类别时，使用"符合"或"劣于"

等词语。断面水质类别与水质定性评价分级的对应关系见表 4-7。

表 4-7　断面水质定性评价

水质类别	水质状况	表征颜色	水质功能类别
Ⅰ～Ⅱ类水质	优	蓝色	饮用水源地一级保护区、珍稀水生生物栖息地、鱼虾类产卵场、仔稚幼鱼的索饵场等
Ⅲ类水质	良好	绿色	饮用水源地二级保护区、鱼虾类越冬场、洄游通道、水产养殖区、游泳区
Ⅳ类水质	轻度污染	黄色	一般工业用水和人体非直接接触的娱乐用水
Ⅴ类水质	中度污染	橙色	农业用水及一般景观用水
劣Ⅴ类水质	重度污染	红色	除调节局部气候外,使用功能较差

②　河流、流域（水系）水质评价。当河流、流域（水系）的断面总数少于 5 个时,计算河流、流域（水系）所有断面各评价指标浓度算术平均值,然后按照"断面水质评价"方法评价,并按表 4-7 指出每个断面的水质类别和水质状况。当河流、流域（水系）的断面总数在 5 个（含 5 个）以上时,采用断面水质类别比例法,即根据评价河流、流域（水系）中各水质类别的断面数占河流、流域（水系）所有评价断面总数的百分比来评价其水质状况。河流、流域（水系）的断面总数在 5 个（含 5 个）以上时不做平均水质类别的评价。河流、流域（水系）水质类别比例与水质定性评价分级的对应关系见表 4-8。

表 4-8　河流、流域（水系）水质定性评价分级

水质类别比例	水质状况	表征颜色
Ⅰ～Ⅲ类水质比例≥90%	优	蓝色
75%≤Ⅰ～Ⅲ类水质比例<90%	良好	绿色
Ⅰ～Ⅲ类水质比例<75%,且劣Ⅴ类比例<20%	轻度污染	黄色
Ⅰ～Ⅲ类水质比例<75%,且 20%≤劣Ⅴ类比例<40%	中度污染	橙色
Ⅰ～Ⅲ类水质比例<60%,且劣Ⅴ类比例≥40%	重度污染	红色

③　断面主要污染指标的确定方法。评价时段内,断面水质为"优"或"良好"时,不评价主要污染指标。断面水质超过Ⅲ类标准时,先按照不同指标对应水质类别的优劣,选择水质类别最差的前三项指标作为主要污染指标。当不同指标对应的水质类别相同时计算超标倍数,将超标指标按其超标倍数大小排列,取超标倍数最大的前三项为主要污染指标。当氰化物或铅、铬等重金属超标时,优先作为主要污染指标。确定了主要污染指标的同时,应在指标后标注该指标浓度超过Ⅲ类水质标准的倍数,即超标倍数,如高锰酸盐指数。对于水温、pH 值和溶解氧等项目不计算超标倍数。

④　河流、流域（水系）主要污染指标的确定方法。将水质超过Ⅲ类标准的指标按其断面超标率大小排列,一般取断面超标率最大的前三项为主要污染指标。对于断面数少于 5 个的河流、流域（水系）,按"断面主要污染指标的确定方法"确定每个断面的主要污染指标。

（2）湖泊、水库评价方法

湖泊、水库单个点位的水质评价,按照"断面水质评价"方法进行。当一个湖泊、水

库有多个监测点位时，计算湖泊、水库多个点位各评价指标浓度算术平均值，然后按照"断面水质评价"方法评价。湖泊、水库多次监测结果的水质评价，先按时间序列计算湖泊、水库各个点位各个评价指标浓度的算术平均值，再按空间序列计算湖泊、水库所有点位各个评价指标浓度的算术平均值，然后按照"断面水质评价"方法评价。对于大型湖泊、水库，亦可分不同的湖（库）区进行水质评价。河流型水库按照河流水质评价方法进行。

富营养状态的评价详见《地表水环境质量评价办法（试行）》。

（3）全国及区域水质评价

全国地表水环境质量评价以国控地表水环境监测网全部监测断面（点位）作为评价对象，包括河流监测断面和湖（库）监测点位。行政区域内地表水环境质量评价以行政区域内同级环境保护行政主管部门确定的所有监测断面（点位）作为评价对象，包括河流监测断面和湖（库）监测点位。全国及行政区域整体水质状况评价方法采用断面水质类别比例法，水质定性评价分级的对应关系见表4-8。全国及行政区域内主要污染项目的确定方法按照"河流、流域（水系）主要污染指标的确定"方法进行。

3.水质变化趋势分析方法

河流（湖库）、流域（水系）、全国及行政区域内水质状况与前一时段、前一年度同期或进行多时段变化趋势分析时，必须满足三个条件，以保证数据的可比性：选择的监测指标必须相同，选择的断面（点位）基本相同，定性评价必须以定量评价为依据。

（1）不同时段定量比较

不同时段定量比较是指同一断面、河流（湖库）、流域（水系）、全国及行政区域内的水质状况与前一时段、前一年度同期或某两个时段进行比较。比较方法有：单因子浓度比较和水质类别比例比较。断面（点位）单因子浓度比较：评价某一断面（点位）在不同时段的水质变化时，可直接比较评价指标的浓度值，并以折线图表征其比较结果。河流、流域（水系）、全国及行政区域内水质类别比例比较：对不同时段的某一河流、流域（水系）、全国及行政区域内水质的时间变化趋势进行评价，可直接进行各类水质类别比例变化的分析，并以图表表征。

（2）水质变化趋势分析

对断面（点位）、河流、流域（水系）、全国及行政区域内不同时段的水质变化趋势分析，以断面（点位）的水质类别或河流、流域（水系）、全国及行政区域内水质类别比例的变化为依据，对照表4-7或表4-8的规定，按下述方法评价。

按水质状况等级变化评价：

① 当水质状况等级不变时，则评价为无明显变化；

② 当水质状况等级发生一级变化时，则评价为有所变化（好转或变差、下降）；

③ 当水质状况等级发生两级以上（含两级）变化时，则评价为明显变化（好转或变差、下降、恶化）。

按组合类别比例法评价：

设 ΔG 为后时段与前时段Ⅰ～Ⅲ类水质百分点之差：

$$\Delta G = G2 - G1$$

ΔD 为后时段与前时段劣 V 类水质百分点之差:

$$\Delta D = D2 - D1$$

① 当 $\Delta G - \Delta D > 0$ 时,水质变好;当 $\Delta G - \Delta D < 0$ 时,水质变差。

② 当 $|\Delta G - \Delta D| \leqslant 10$ 时,则评价为无明显变化。

③ 当 $10 < |\Delta G - \Delta D| \leqslant 20$ 时,则评价为有所变化(好转或变差、下降)。

④ 当 $|\Delta G - \Delta D| > 20$ 时,则评价为明显变化(好转或变差、下降、恶化)。

分析断面(点位)、河流、流域(水系)、全国及行政区域内多时段的水质变化趋势及变化程度,应对评价指标值(如指标浓度、水质类别比例等)与时间序列进行相关性分析,可采用 Spearman 秩相关系数法,检验相关系数和斜率的显著性意义,确定其是否有变化和变化程度。变化趋势可用折线图来表征。

 ## 附录三　大气环境质量评价

一、环境空气质量标准

1. 背景

大气环境
质量评价

我国的环境空气质量标准首次发布于 1982 年,1996 年第一次修订,2000 年第二次修订,现行的《环境空气质量标准》(GB 3095—2012)是 2012 年第三次修订版,经过分阶段实施,直到 2016 年 1 月 1 日在全国范围实施,同时,原来的环境空气质量标准以及《保护农作物的大气污染物最高允许浓度》(GB 9137—1988)自动废止。GB 3095—2012 在 2018 年进行了第四次修改。

在"十二五"期间修订环境空气质量标准,并从"十三五"正式实施新标准是有现实意义的。随着经济社会的快速发展,煤炭能源消耗和机动车保有量均急剧增加,经济发达地区 NO_x 和 VOCs 排放量显著增长,O_3 和 $PM_{2.5}$ 污染加剧,在 PM_{10} 和总悬浮颗粒物(TSP)污染还未全面解决的情况下,京津冀、长江三角洲、珠江三角洲等区域 $PM_{2.5}$ 和 O_3 污染加重,灰霾现象频发,能见度降低,依据之前的环境空气质量评价体系,我国部分区域和城市环境空气质量评价结果与人民群众主观感受不完全一致。因此,依据《中华人民共和国环境保护法》和《中华人民共和国大气污染防治法》,综合考虑世界卫生组织(WHO)研究成果和国际上其他国家的限值修订相关标准,该标准的实施体现了我国以人为本、保护人体健康的出发点,也是从实际出发,解决灰霾等环境管理需要,有利于提高环境空气质量评价工作的科学水平,有利于消除或缓解公众自我感观与监测评价结果不完全一致的现象。

2. 环境空气质量标准的主要内容

《环境空气质量标准》全文可以在中国生态环境部官方网站(www.mee.gov.cn)去下载查看,本文着重介绍术语和定义、环境空气功能区分类和标准分级、监测方法和数据有效性规定这三个主要方面。

（1）术语和定义

相较于之前的版本，现行标准措辞更加科学规范（比如平均时间分别用自然日、日历月、日历季和日历年表述），中英文名称与国际接轨。共定义了 14 个术语，增加了"PM$_{2.5}$"和"8 小时平均"的概念，删除了"氮氧化物"和"植物生长季平均"两个术语。部分术语解释如下：

① 环境空气（ambient air）：指人群、植物、动物和建筑物所暴露的室外空气。

② 1 小时平均（1-h average）：指任何 1 小时污染物浓度的算术平均值。

③ 8 小时平均（8-h average）：指连续 8 小时平均浓度的算术平均值，也称 8 小时滑动平均。

④ 24 小时平均（24-h average）：指一个自然日 24 小时平均浓度的算术平均值，也称日平均。

⑤ 月平均（monthly average）：指一个日历月内各日平均浓度的算术平均值。

⑥ 季平均（quarterly average）：指一个日历季内各日平均浓度的算术平均值。

⑦ 年平均（annual mean）：指一个日历年内各日平均浓度的算术平均值。

⑧ 标准状态（standard state）：指温度为 273K，压力为 101.325kPa 时的状态。生态环境部与国家市场监督管理总局在 2018 年联合发文，将此定义修改为"参比状态（reference state）指大气温度为 298.15K，大气压力为 1013.25hPa 时的状态。本标准中的二氧化硫、二氧化氮、一氧化碳、臭氧、氮氧化物等气态污染物浓度为参比状态下的浓度。颗粒物（粒径小于等于 10μm）、颗粒物（粒径小于等于 2.5μm）、总悬浮颗粒物及其组分铅、苯并[a]芘等浓度为监测时大气温度和压力下的浓度"。这一关于污染物监测状态的修订参照了国际通行做法，进一步实现了与国际接轨。

（2）环境空气功能区分类和标准分级

环境空气功能区分为二类：一类区为自然保护区、风景名胜区和其他需要特殊保护的区域；二类区为居住区、商业交通居民混合区、文化区、工业区和农村地区。工业区不再区分一般工业区或特定工业区。

一类区适用一级浓度限值，二类区适用二级浓度限值，两级标准对应的污染物项目与浓度限值见表 4-9 和表 4-10。

表 4-9 环境空气污染物基本项目浓度限值

序号	污染物项目	平均时间	浓度限值		单位
			一级	二级	
1	二氧化硫（SO$_2$）	年平均	20	60	μg/m^3
		24 小时平均	50	150	
		1 小时平均	150	500	
2	二氧化氮（NO$_2$）	年平均	40	40	μg/m^3
		24 小时平均	80	80	
		1 小时平均	200	200	

序号	污染物项目	平均时间	浓度限值		单位
			一级	二级	
3	一氧化碳（CO）	24 小时平均	4	4	mg/m³
		1 小时平均	10	10	
4	臭氧（O₃）	日最大 8 小时平均	100	160	μg/m³
		1 小时平均	160	200	
5	颗粒物（粒径小于等于 10μm）	年平均	40	70	μg/m³
		24 小时平均	50	150	
6	颗粒物（粒径小于等于 2.5μm）	年平均	15	35	μg/m³
		24 小时平均	35	75	

表 4-10 环境空气污染物其他项目浓度限值

序号	污染物项目	平均时间	浓度限值		单位
			一级	二级	
1	总悬浮颗粒物（TSP）	年平均	80	200	
		24 小时平均	120	300	
2	氮氧化物（NOₓ）	年平均	50	50	μg/m³
		24 小时平均	100	100	
		1 小时平均	250	250	
3	铅（Pb）	年平均	0.5	0.5	
		季平均	1.0	1.0	
4	苯并[a]芘（BaP）	年平均	0.001	0.001	
		24 小时平均	0.0025	0.0025	

基本项目六种污染物（表 4-9，以下简称"六指标"）与之前的标准相比，增加了 O_3 日最大 8 小时平均和 $PM_{2.5}$ 的限值，收严了 PM_{10} 和 NO_2 标准，体现了标准制定者对我国复合型大气污染特征的认识，以及保护公众健康的主要目标。2012 年按照 SO_2、NO_2 和 PM_{10} 三项指标评价，全国 325 个地级及以上城市达标率为 91.4%，2013 年率先实施"六指标"评价的 74 个城市达标率只有 4.1%，超标率最高的三个指标是 $PM_{2.5}$、PM_{10} 和 NO_2。通过标准收严倒逼污染整治，到 2020 年全国 337 个地级及以上城市达标率达到了 59.9%。

"六指标"在全国范围内实施，其他项目（表 4-10）则由国务院生态环境保护行政主管部门或者省级人民政府根据实际情况确定具体实施方式。另外，标准还提供了某些特定环境中特定污染物的参考浓度限值，见表 4-11。

表 4-11 环境空气中镉、汞、砷、六价铬和氟化物参考浓度限值

序号	污染物项目	评价时间	浓度（通量）限值		单位
			一级	二级	
1	镉（Cd）	年平均	0.005	0.005	$\mu g/m^3$
2	汞（Hg）	年平均	0.05	0.05	
3	砷（As）	年平均	0.006	0.006	
4	六价铬 [Cr（Ⅵ）]	年平均	0.000025	0.000025	
5	氟化物（F）	1 小时平均	20[①]	20[①]	
		24 小时平均	7[①]	7[①]	
		月平均	1.8[②]	3.0[②]	$\mu g/(dm^2 \cdot d)$
		植物生长季平均	1.2[②]	2.0[③]	

[①] 适用于城市地区。
[②] 适用于牧业区和以牧业为主的半农半牧区，桑蚕区。
[③] 适用于农业和林业区。

（3）监测方法和数据有效性规定

环境空气质量监测数据与监测点位、监测方法等密切相关。监测点位的设置应具备代表性、可比性、整体性、前瞻性和稳定性，具体按照《环境空气质量监测点位布设技术规范》（HJ 664—2013）的要求执行。

目前"六指标"的监测主要采用自动监测方法，需要手工采样分析的，可参考手工分析方法，具体见表 4-12。

表 4-12 各项污染物分析方法

序号	污染物项目	手工分析方法		自动分析方法
		分析方法	标准编号	
1	二氧化硫（SO_2）	环境空气 二氧化硫的测定 甲醛吸收-副玫瑰苯胺分光光度法	HJ 482—2009	紫外荧光法、差分吸收光谱分析法
		《环境空气二氧化硫的测定四氯汞盐吸收-副玫瑰苯胺分光光度法》第 1 号修改单	HJ 483—2009/XG1—2008	
2	二氧化氮（NO_2）	环境空气 氮氧化物（一氧化氮和二氧化氮）的测定 盐酸萘乙二胺分光光度法	HJ 479—2009	化学发光法、差分吸收光谱分析法
3	氮氧化物（NO_x）			
4	一氧化碳（CO）	空气质量 一氧化碳的测定 非分散红外法	GB 9801—1988	气体滤波相关红外吸收法、非分散红外吸收法
5	臭氧（O_3）	环境空气 臭氧的测定 靛蓝二磺酸钠分光光度法	HJ 504—2009	紫外荧光法、差分吸收光谱分析法
		环境空气 臭氧的测定 紫外光度法	HJ 590—2010	

序号	污染物项目	手工分析方法		自动分析方法
		分析方法	标准编号	
6	颗粒物（粒径小于等于 $10\mu m$）	环境空气 PM_{10} 和 $PM_{2.5}$ 的测定 重量法	HJ 618—2011	微量振荡天平法、β 射线法
7	颗粒物（粒径小于等于 $2.5\mu m$）			
8	总悬浮颗粒物（TSP）	环境空气 总悬浮颗粒物的测定 重量法	GB/T 15432—1995	—
9	铅（Pb）	环境空气 铅的测定 石墨炉原子吸收分光光度法	HJ 539—2015	—
		环境空气 铅的测定 火焰原子吸收分光光度法	GB/T 15264—1994	
10	苯并[a]芘（BaP）	空气质量 飘尘中苯并[a]芘的测定 乙酰化滤纸层析荧光分光光度法	GB 8971—1988	—
		环境空气 苯并[a]芘的测定 高效液相色谱法	HJ 956—2018	

随着自动监测技术的不断成熟，"六指标"连续自动监测系统技术要求及检测方法、安装和验收技术规范、运行和质控技术规范等相继发布，大大提高了自动监测数据的准确性和有效性，便于进行时空分布特点分析。同时，读者在引用技术规范时，仍需关注其是否现行有效。

为保证监测数据的准确性、连续性和完整性，确保全面、客观地反映监测结果。所有有效数据均应参加统计和评价，不得选择性地舍弃不利数据以及人为干预监测和评价结果。

对于"六指标"浓度数据有效性，提出了最低统计要求，不满足则视为无效数据。包括：

① 年平均数据要求每年至少有 324 个日平均值，且每月至少有 27 个日平均值（二月至少有 25 个日平均值）；

② 日平均数据要求至少有 20 个小时平均值，其中 O_3 日最大 8 小时平均数据要求至少有 14 个有效的 8 小时平均数据；

③ 8 小时平均数据要求至少有 6 个小时平均值；

④ 1 小时平均数据要求至少有 45min 的采样时间。

对于其他项目污染物浓度数据有效性也有一定的要求，详细可查 GB 3095—2012 的表4。比如，某个站点因停电导致当天缺失 5 个小时数据，那么当天该站点日均值无效。因此要求采用自动监测设备监测时，监测仪器应全年 365 天（闰年 366 天）连续运行。在监测仪器校准、停电和设备故障，以及其他不可抗因素导致不能获得连续监测数据时，应采取有效措施及时恢复。当然，日均值无效并不一定会影响空气质量的评价与考核，下面介绍评价技术规范时会提到该项内容。

二、环境空气质量评价技术规范

与《环境空气质量标准》（GB 3095—2012）配套发布的有一系列标准和规范，包括《环境空气质量指数（AQI）技术规定（试行）》（HJ 633—2012）、《环境空气质量评价技术规范（试行）》（HJ 663—2013）和《环境空气质量监测点位布设技术规范（试行）》（HJ 664—2013）三个重要的与评价相关的规范。由于空气质量评价是比较复杂的体系，在这里不做深入探讨，仅介绍较为基础的部分。

1. 空气质量指数 AQI 日报

在现行标准之前，我国空气质量日报采用空气污染指数（API）形式报告，依据 SO_2、NO_2 和 PM_{10} 的监测数据。随着"六指标"浓度的监测和标准出台，更加全面、贴近公众感受、接轨国际的空气质量指数（air quality index，简称 AQI）日报开始向社会发布。

（1）AQI 的计算方法

AQI 是定量描述空气质量状况的无量纲指数，表征当前空气清洁或污染程度的一种指标，将"六指标"的浓度折算成统一指数，可便于公众理解污染程度并提供健康指引。AQI 由"六指标"分指数（IAQI）中最大的确定，而 IAQI 则依据表 4-13 中对应的分级浓度限值，采用线性插值法计算得来，计算结果全部进位取整数，不保留小数。

表 4-13 空气质量分指数及对应的污染物项目浓度限值

空气质量分指数 IAQI	污染物项目浓度限值[①]									
	SO_2 24h平均 /($\mu g/m^3$)	SO_2 1h平均 /($\mu g/m^3$)	NO_2 24h平均 /($\mu g/m^3$)	NO_2 1h平均 /($\mu g/m^3$)	CO 24h平均 /(mg/m^3)	CO 1h平均 /(mg/m^3)	O_3 1h平均 /($\mu g/m^3$)	O_3 8h 滑动平均 /($\mu g/m^3$)	PM_{10} 24h平均 /($\mu g/m^3$)	$PM_{2.5}$ 24h平均 /($\mu g/m^3$)
0	0	0	0	0	0	0	0	0	0	0
50	50	150	40	100	2	5	160	100	50	35
100	150	500	80	200	4	10	200	160	150	75
150	475	650	180	700	14	35	300	215	250	115
200	800	800	280	1200	24	60	400	265	350	150
300	1600	②	565	2340	36	90	800	800	420	250
400	2100	②	750	3090	48	120	1000	③	500	350
500	2620	②	940	3840	60	150	1200	③	600	500

① 1h平均浓度值用于实时报，24h平均浓度值用于日报，特别指出的是，PM_{10} 和 $PM_{2.5}$ 实时报也套用 24h平均限值。

② SO_2 1h浓度值高于 $800\mu g/m^3$ 的，按照 24h平均浓度值计算。

③ O_3 8h滑动平均浓度值高于 $800\mu g/m^3$ 的，按照 1h平均浓度值计算。

（2）空气质量指数级别

AQI 级别和对应的健康指引见表 4-14，目前各数据平台、手机 APP 或各媒体发布空气质量状况时，均统一参照表 4-14 执行。

表 4-14　空气质量指数和相关信息

空气质量指数	级别	类别及表示颜色		对健康影响情况	建议采取的措施
0～50	一级	优	绿色	空气质量令人满意,基本无空气污染	各类人群可正常活动
51～100	二级	良	黄色	空气质量可接受,但某些污染物可能对极少数异常敏感人群健康有较弱影响	极少数异常敏感人群应减少户外活动
101～150	三级	轻度污染	橙色	易感人群症状有轻度加剧,健康人群出现刺激症状	儿童、老年人及心脏病、呼吸系统疾病患者应减少长时间、高强度的户外锻炼
151～200	四级	中度污染	红色	进一步加剧易感人群症状,可能对健康人群心脏、呼吸系统有影响	儿童、老年人及心脏病、呼吸系统疾病患者避免长时间、高强度的户外锻炼,一般人群适量减少户外运动
201～300	五级	重度污染	紫色	心脏病和肺病患者症状显著加剧,运动耐受力降低,健康人群普遍出现症状	儿童、老年人和心脏病、肺病患者应停留在室内,停止户外运动,一般人群减少户外运动
＞300	六级	严重污染	褐红色	健康人群运动耐受力降低,有明显强烈症状,提前出现某些疾病	儿童、老年人和病人应当留在室内,避免体力消耗,一般人群应避免户外运动

当 AQI 大于 50 时,IAQI 最大的污染物为首要污染物,若 IAQI 最大的污染物为两项或两项以上时,并列为首要污染物。IAQI 大于 100 的污染物为超标污染物。

常见的评价某个城市的空气质量优良天数比例,就是以城市为尺度,将建成区范围内所有参与评价的站点监测数据计算出来城市日 AQI,为优级和良级的天数总和占总有效天数的比例,该比例越接近 100%,则空气质量越有利于公众健康。

2. 空气质量评价办法

空气质量评价以 GB 3095—2012 为依据,对某空间范围内的空气质量进行定性或定量评价,包括环境空气质量达标情况判断、变化趋势分析和空气质量优劣比较。

① 根据评价范围分为单点环境空气质量评价、城市环境空气质量评价和区域环境空气质量评价。评价项目分为基本评价项目和其他评价项目两类,现在主要采用基本评价项目,见表 4-15。

表 4-15　基本评价项目及平均时间

评价时段	评价项目及平均时间
小时评价	SO_2、NO_2、CO 和 O_3 的 1 小时平均
日评价	SO_2、NO_2、CO、PM_{10} 和 $PM_{2.5}$ 的 24 小时平均,O_3 的日最大 8 小时平均
年评价	SO_2 年平均,SO_2 24 小时平均第 98 百分位数 NO_2 年平均,NO_2 24 小时平均第 98 百分位数 PM_{10} 年平均,PM_{10} 24 小时平均第 95 百分位数 $PM_{2.5}$ 年平均,$PM_{2.5}$ 24 小时平均第 95 百分位数 CO 24 小时平均第 95 百分位数 O_3 的日最大 8 小时平均值的第 90 百分位数

百分位数的计算方法可在 HJ 663—2013 中查看具体公式，在目前的年度达标评价中，SO_2、NO_2、PM_{10} 和 $PM_{2.5}$ 的百分位数浓度评价暂未考虑。超标指标的超标倍数则用实际浓度值超出 GB 3095—2012 对应浓度限值的倍数来表示。

② 在对城市或区域空气质量状况进行月度、季度或年度比较与排名时，主要采用综合指数法，即将"六指标"的单项指数加和得到。

单项指数由评价时段内实际浓度与 GB 3095—2013 对应浓度限值相除得到，如上文所述，目前 SO_2、NO_2、PM_{10} 和 $PM_{2.5}$ 的百分位数浓度不参与评价。综合指数与单项指数均保留 2 位小数，单项指数最大的污染物被称为评价时段的主要污染物。

HJ 633—2012 包括 6 个部分和 3 个附录等很多内容，比如用 Spearman 秩相关系数分析变化趋势、区域空气质量统计方法、数据有效性规定，以及评价的要素等，可在生态环境部官方网站下载和参阅标准文本。

 ## 附录四　土壤环境质量评价

一、背景

环境质量标准是国家为保护人民群众的健康和生存环境，对污染物（或有害因素）容许含量（或要求）所做的规定，是衡量环境是否受到污染的尺度，是环境规划、环境管理和制定污染物排放标准的依据。环境质量标准按环境要素分为水环境质量标准、大气环境质量标准、土壤环境质量标准和生物环境质量标准四类，本附录主要介绍土壤的质量标准。

土壤环境
质量评价

土壤是指地球陆地表面具有一定肥力能生长作物的疏松表层。土壤对地球生态和生物都有极其重要的作用。人类 95％的食物都直接或间接来源于土壤。除此之外，它还是地球重要的碳库，能净化空气、减缓气候变化、维持生态系统的健康，能过滤、净化和储存水分；它通过微生物的分解作用来保证物质循环，确保动植物能不停地利用这些物质，为地球上的生物提供基本的生命支撑。

然而，土壤的形成却是一个极其漫长的过程，形成 1cm 厚的土壤需要 1000 多年的时间；而且，土壤基本不可能在实验室中被合成出来，一旦失去，土壤就很难再生。由于土壤的不可再生性，一旦一个地区被过度开发、无序利用或者被严重污染，就会导致土壤退化。迄今为止，全球 33％的土壤出现了严重的退化。在中国，土壤安全形势也非常严峻，我们正用世界 9％的耕地养活着 20％的人口，所以建立合理的土壤安全评价体系，保证土壤的合理开发和可持续利用是非常重要的。

由于土壤本身具有不均匀性，土壤性质地区性差异大，所以土壤的环境治理标准与空气质量标准和水环境治理标准都有所不同。水、气标准用于判定环境质量是否达标，而土壤标准则用于风险筛查和分类。

我国于 1995 年开始实施第一部《土壤环境质量标准》（GB 15618—1995）。在这个标准中仅对土壤中 8 个主要污染元素和两种有机农药限量值进行了限定。随着形势的变化，该标准已经不适用于当前环境的需要。在 2018 年，生态环境部颁布新的土壤污染风险管控标准，分别对农用地和建设用地的土壤污染风险管控给出了标准和依据，为农用地分类管理和建设用地准入管理提供重要的技术支撑和依据［《土壤环境质量 农用地土壤污染风险管控标准（试行）》（GB 15618—2018）和《土壤环境质量 建设用地土壤污染风险管控标准（试行）》（GB 36600—2018）］。

新的土壤污染风险管控标准分为两部分内容，分别给出了农用地土壤和建设用地土壤的风险筛查和分类的判断依据。分为这两大部分的主要原因是：在土壤领域，农业用地和建设用地是最主要的两类受到污染的土壤类型。农用地的标准同样适用于园地和牧草地。

两套标准涉及的污染物基本涵盖了重点行业污染地块中检出率较高、毒性较强的污染物。针对这些污染物，给出了两套值：风险筛选值和风险管制值。需要注意的是，这两套值只用于风险筛查和分类，而不是用于土壤质量是否达标的判断。需要指出的是，两套标准中，相同的污染物项目，农用地和建设用地两套值的浓度并不是一直相同的，因为不同用途土地的筛选值和管制值的制定依据和出发点是不一样的。建设用地标准主要是基于保护人体健康而制定相关标准值，而农用地风险管控标准主要基于保障农产品质量安全，制定相关标准值。两者保护目标不一样，相关标准值推导方法不一样，所以不具有可比性。

二、《土壤环境质量 农用地土壤污染风险管控标准（试行）》

除了传统的耕地，标准还适用于园地和牧草地。农用地标准制定的依据是针对土壤污染与农产品质量安全之间的关系，规定了农用地土壤污染物的筛选值和管制值。

农用地标准风险筛选值共 11 个污染物项目，其中苯并[a]芘指标是新增的污染物指标。

从保护农产品质量安全角度，农用地标准对镉、汞、砷、铅、铬等 5 种重金属制定风险管制值。

同一污染物在不同 pH 土壤中的限值是不同的，主要是因为土壤 pH 条件是影响土壤中重金属活性的首要因子，土壤 pH 值越低，重金属活性越强，越容易被农作物吸收，尤其是在 pH 值 5.5 以下的土壤中活性强，而在 pH 值 5.5 以上的土壤中活性明显下降。所以标准对同一污染物在不同 pH 值条件下都给出了限值。六六六和滴滴涕，自我国 1983 年禁止在农业生产中使用，以及分别在 2014 年和 2009 年基本全面禁止生产和使用以来，在农用地土壤中残留量已显著降低，基本不会成为影响稻米和小麦等农产品质量安全的污染物，但保留六六六、滴滴涕两项指标作为其他检测项目。

下面来介绍一下在具体的操作中，怎么使用风险筛选值和管控值（图 4-7）。

如果农用地土壤中污染物含量等于或者低于风险筛选值，表明监测地的土壤对农产品质量安全、农作物生长或土壤生态环境的风险低，一般情况下可以忽略，对此类农用地，应切实加大保护力度。当农用地的污染物中有项目超过了风险筛选值时，就要和食品安全国家标准相联系。如果污染物项目超过风险筛选值但是没有超过管制值，这个时候就要结合农产品质量评价来分类。如果此地块的农产品符合国家标准，则此地块还是属于优先保护类；如果农产品不符合国家标准了，那么应该采取农艺调控、替代种植等措施降低农产品超标风险；如果农用地土壤中污染物含量超过风险管控值，但是农产品质量符合国家标

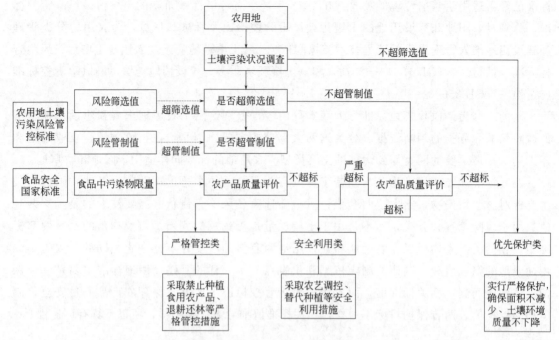

图 4-7　农用地土壤污染风险管控标准使用指南

准，则此类用地也是属于安全利用类；当土壤污染物超过管控值并且农用产品不符合质量安全标准时，则代表此类农用地土壤污染风险高，并且难以通过安全利用措施降低食用农产品不符合质量安全标准等农用地土壤污染风险，对此类农用地，原则上应当采取禁止种植食用农产品、退耕还林等严格管控措施。当农用地土壤污染物含量介于筛选值和管制值之间时，可能存在食用农产品不符合质量安全标准等风险。

以一个农村果园点位为例来说明，如表 4-16 所示。此类地属于旱地，pH 值为 6.72，对照标准中的两套数值可以看到，这个监测点有 3 个指标超过了风险筛选值的规定，所以对于这个监测点位来说，可能存在食用农产品不符合质量安全标准等土壤污染风险，应当采取农艺调控、替代种植等安全利用措施来降低农产品超标风险。

需要说明的是，土壤筛选和分类是按照最差指标来定类的，也就是说，所有指标中只要有一个污染物浓度达到管制值的，那土壤分类就达到管制类别。比如，如果这个地块的镉达到 3.5mg/kg，则表明整个相关地块土壤污染风险高，并且难以通过安全利用措施降低食用农产品不符合质量安全标准等农用地土壤污染风险，对此类农用地，原则上应当采取禁止种植食用农产品、退耕还林等严格管控措施。

表 4-16　某果园实际监测数据

项目	pH 值	镉	汞	砷	铅	铬	铜	镍	锌	六六六	滴滴涕
旱地	6.72	1.18	0.061	5.84	156	113	66	42	596	0.00018	0.00487
风险筛选值		0.3	2.4	30	120	200	200	100	250	0.10	0.10
风险管制值		3.0	4.0	120	700	1000	—	—	—	—	—

三、《土壤环境质量 建设用地土壤污染风险管控标准（试行）》

建设用地的土壤污染风险管控标准是以保障人居住环境安全为目标而设立的。所谓建设用地的土壤污染是指在建设用地上居住、工作的人群长期暴露于土壤的污染物中，因慢性毒性效应或致癌效应而对健康产生的不利影响。

在新标准中，建设用地被细分为两类，第一类用地主要是针对儿童和成人均存在长期暴露风险的居住用地，第二类用地主要是成人存在长期暴露风险的居住用地。具体的用地类别可以在标准中看到。对这两类建设用地分别规定了建设用地土壤污染风险筛选值和管制值。

此外，在建设用地标准中给出了土壤环境背景值的概念，并且规定建设用地土壤中污染物检测含量超过筛选值，但等于或者低于土壤环境背景值水平的，不纳入污染地块管理。具体的概念可以在标准中找到。

在建设用地土壤管控标准中，将污染物清单区分为基本项目（必测项目）和其他项目（选测项目），一共85项污染物。基本项目为初步调查阶段建设用地土壤污染风险筛选的必测项目，选测项目可以包括但不限于其他项目中所列项目。

标准中给出了第一类用地和第二类用地的污染物风险筛选值和管制值。建设用地规划用途为第一类用地的，适用第一类用地的筛选值和管制值；规划用途为第二类用地的，适用第二类用地的筛选值和管制值；规划用途不明确的，适用于第一类用地的筛选值和管制值（图4-8）。

两套值在实际使用中的规则是：当没有污染物或者污染物含量小于等于风险筛选值时，建设用地土壤污染风险一般情况下可以忽略，建设用地可以直接按照要求开发利用。

通过初步调查确定建设用地土壤中污染物含量大于风险筛选值的，应当根据相关标准和技术要求开展详细调查；通过详细调查确定建设用地土壤中污染物含量小于等于风险管制值的，应当依据相关标准及相关技术要求开展风险评估，确定风险水平，判断是否需要采取风险管控或修复措施；如果通过详细调查确定建设用地土壤中污染物含量大于风险管制值，对人体健康通常存在不可接受的风险，应当采取风险或修复措施。

四、污染地块系列环境保护标准

最后，介绍一下污染地块系列环境保护标准，主要有以下5项：

① HJ 25.1—2019《建设用地土壤污染状况调查 技术导则》；

② HJ 25.2—2019《建设用地土壤污染风险管控和修复监测技术导则》；

③ HJ 25.3—2019《建设用地土壤污染风险评估技术导则》；

④ HJ 25.4—2019《建设用地土壤修复技术导则》；

⑤ HJ 25.5—2018《污染地块风险管控与土壤修复效果评估技术导则（试行）》。

上述技术导则分别给出了土壤地块的调查、监测、风险评估、修复等方面的技术指导和相关标准。土壤用地如果要采取修复措施，应该遵循HJ 25.3—2019、HJ 25.4—2019等标准及相关技术要求确定，且修复值应当低于风险管制值。但是，风险筛选值和管制值并

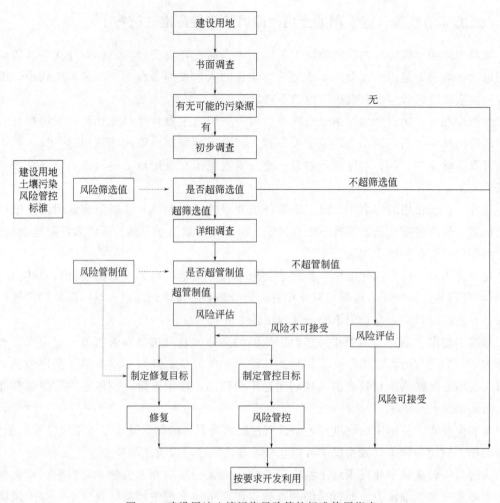

图 4-8　建设用地土壤污染风险管控标准使用指南

不是修复的目标值。没有被列入的污染物项目，可以根据 HJ 25.3—2019 等标准及相关技术要求开展风险评估，推导特定污染物的土壤污染风险筛选值。最后，需要指出的是，对于建设用地，我国主要采用的是风险管控的思路，也就是土壤修复和风险评估相结合，在保证使用安全的前提下，尽量减少修复工作量，充分利用土壤的自净能力。

 附录五　声环境质量监测与评价

一、《声环境质量标准》(GB 3096—2008)

1.适用范围

① 规定了五类声环境功能区的环境噪声限值及测量方法；

② 适用于声环境质量评价与管理；

声环境质量
监测与评价

③ 机场周围区域受飞机通过（起飞、降落、低空飞越）噪声的影响，不适用于本标准。

2. 术语和定义

根据《中华人民共和国环境噪声污染防治法》，"昼间"是指 6：00 至 22：00 之间的时段；"夜间"是指 22：00 至次日 6：00 之间的时段。县级以上人民政府为环境噪声污染防治的需要（如考虑时差、作息习惯差异等）而对昼间、夜间的划分另有规定的，应按其规定执行。

3. 声环境功能区分类

0 类：指康复疗养区等特别需要安静的区域。

1 类：指以居民住宅、医疗卫生、文化教育、科研设计、行政办公为主要功能，需要保持安静的区域。

2 类：指以商业金融、集市贸易为主要功能，或者居住、商业、工业混杂，需要维护住宅安静的区域。

3 类：指以工业生产、仓储物流为主要功能，需要防止工业噪声对周围环境产生严重影响的区域。

4 类：指交通干线两侧一定距离之内，需要防止交通噪声对周围环境产生严重影响的区域，包括 4a 类和 4b 类两种类型。4a 类为高速公路、一级公路、二级公路、城市快速路、城市主干路、城市次干路、城市轨道交通（地面段）、内河航道两侧区域；4b 类为铁路干线两侧区域。

4. 环境噪声限值

不同类别的环境噪声限值见表 4-17。

表 4-17　环境噪声限值　　　　　　　　　　　　单位：dB（A）

声环境功能区类别		昼间	夜间
0 类		50	40
1 类		55	45
2 类		60	50
3 类		65	55
4 类	4a 类	70	55
	4b 类	70	60

5. 环境噪声监测要求

（1）测量仪器

测量仪器精度为 2 型及 2 型以上的积分平均声级计或环境噪声自动监测仪器，其性能需符合 GB/T 3785.1、GB/T 3785.2 的规定，并定期校验。测量前后使用声校准器校准测量仪器的示值偏差不得大于 0.5dB（A），否则测量无效。声校准器应满足 GB/T 15173—2010 对 1 级或 2 级声校准器的要求。测量时传声器应加防风罩。

（2）测点选择

一般户外：距离任何反射物（地面除外）至少 3.5m 外测量，距地面高度 1.2m 以上。必要时可置于高层建筑上，以扩大监测受声范围。使用监测车辆测量，传声器应固定在车顶部 1.2m 高度处。

噪声敏感建筑物户外：在噪声敏感建筑物外，距墙壁或窗户 1m 处，距地面高度 1.2m 以上。

噪声敏感建筑物室内：距离墙面和其他反射面至少 1m，距窗约 1.5m 处，距地面 1.2~1.5m 高。

（3）气象条件

无雨雪、无雷电天气，风速 5m/s 以下时进行。

（4）监测类型与方法

根据监测对象和目的，环境噪声监测分为声环境功能区监测和噪声敏感建筑物监测两种类型，分别采用《声环境质量标准》（GB 3096—2008）附录 B 和附录 C 规定的监测方法。

（5）测量记录

① 日期、时间、地点及测定人员；

② 使用仪器型号、编号及其校准记录；

③ 测定时间内的气象条件（风向、风速、雨雪等天气状况）；

④ 测量项目及测定结果；

⑤ 测量依据的标准；

⑥ 测点示意图；

⑦ 声源及运行工况说明（如交通噪声测量的交通流量等）；

⑧ 其他应记录的事项。

6. 噪声测量

（1）每组两人，配备一台声级计，按顺序到监测方案设置的各监测点测量。在各监测点分别测昼间和夜间的噪声。

（2）读数方式用慢档，10min 内等间隔读取 100 个瞬时 A 声级，并做好记录，读数的同时要判断和记录监测点周围声环境特点、附近主要噪声来源（如交通噪声、施工噪声、车间噪声等）和天气条件。

7. 数据处理

（1）每个监测点昼间和夜间等效声级 L_{eq} 的计算：将各监测点每一次测量的 100 个噪声瞬时值由大到小排列，得到累积百分声级 L_{10}、L_{50}、L_{90}，然后按式（4-1）计算各监测点昼间和夜间的等效声级 L_{eq}。

$$L_{eq} \approx L_{50} + \frac{d^2}{60}, d = L_{10} - L_{90} \tag{4-1}$$

式中　L_{10}——测量时间内，10% 的时间超过的 A 声级；

　　　L_{50}——测量时间内，50% 的时间超过的 A 声级；

　　　L_{90}——测量时间内，90% 的时间超过的 A 声级。

（2）监测区域环境噪声平均值计算：将整个监测区域每个监测点的等效声级按式（4-2）计算算术平均值，分别得到昼间平均等效声级 $\overline{S}_\mathrm{d}$ 和夜间平均等效声级 $\overline{S}_\mathrm{n}$。

$$\overline{S} = \frac{1}{n}\sum_{i=1}^{n}L_i \tag{4-2}$$

式中 $\overline{S}$——昼间平均等效声级 $\overline{S}_\mathrm{d}$ 或夜间平均等效声级 $\overline{S}_\mathrm{n}$，dB（A）；

L_i——第 i 个监测点测得的等效声级，dB（A）；

n——监测点总个数。

8.声环境质量评价

（1）声环境达标分析及评价

查阅国家《声环境质量标准》（GB 3096—2008），根据监测区域所在地声环境功能区划，确定监测区域属几类区，应执行几类标准，分别将各监测点的监测结果和监测区域声环境算术平均值与标准值对照，判断各监测点和监测区域声环境是否达标，若不达标，分析原因。

（2）对监测区域环境噪声总体水平进行评价

依据计算得到的监测区域昼间平均等效声级 $\overline{S}_\mathrm{d}$ 和夜间平均等效声级 $\overline{S}_\mathrm{n}$，参照《环境噪声监测技术规范　城市声环境常规监测》（HJ 640—2012）推荐的城市区域环境噪声总体水平等级划分方法（表 4-18），划分监测区域的环境噪声水平。

表 4-18　城市区域环境噪声总体水平等级划分　　　　单位：dB（A）

等级	一级	二级	三级	四级	五级
昼间平均等效声级 $\overline{S}_\mathrm{d}$	≤50.0	50.1～55.0	55.1～60.0	60.1～65.0	＞65.0
夜间平均等效声级 $\overline{S}_\mathrm{n}$	≤40.0	40.1～45.0	45.1～50.0	50.1～55.0	＞55.0

注：城市区域环境噪声总体水平等级"一级"至"五级"分别对应评级为"好""较好""一般""较差""差"。

二、《工业企业厂界环境噪声排放标准》（GB 12348—2008）

1.适用范围

① 规定了工业企业和固定设备厂界环境噪声排放限值及其测量方法。

② 适用于工业企业噪声排放的管理、评价及控制。

③ 机关、事业单位、团体等对外环境排放噪声的单位按本标准执行。

2.术语和定义

① 等效连续 A 声级：在规定测量时间 T 内 A 声级的能量平均值，用 $L_{\mathrm{Aeq},T}$ 表示（简写为 L_{eq}），单位 dB（A）。

② 稳态噪声：在测量时间内，被测声源的声级起伏不大于 3dB（A）的噪声。

③ 非稳态噪声：在测量时间内，被测声源的声级起伏大于 3dB（A）的噪声。

④ 背景噪声：被测量噪声源以外的声源发出的环境噪声的总和。

⑤ 噪声敏感建筑物：指医院、学校、机关、科研单位、住宅等需要保持安静的建

筑物。

⑥ 厂界：由法律文书（如土地使用证、房产证、租赁合同等）中确定的业主所拥有使用权（或所有权）的场所或建筑物边界。各种产生噪声的固定设备的厂界为其实际占地的边界。

3. 环境噪声排放限值

工业企业厂界环境噪声排放限值如表 4-19 所示。

表 4-19　工业企业厂界环境噪声排放限值　　　　　　　　单位：dB(A)

厂界外声环境功能区类别	时段	
	昼间	夜间
0	50	40
1	55	45
2	60	50
3	65	55
4	70	55

注：当厂界与噪声敏感建筑物距离小于 1m 时，应在噪声敏感建筑物的室内测量，并将表中相应的限值减 10dB（A）作为评价依据。

4. 测量方法

（1）测量仪器

① 采用积分平均声级计或环境噪声自动监测仪。

② 测量仪器和校准仪器应定期检定合格，并在有效使用期限内使用。

③ 每次测量前、后必须在测量现场进行声学校准，其前、后校准示值偏差不得大于 0.5dB（A）。

④ 测量时传声器加防风罩。

⑤ 测量仪器时间计权特性设为 "F" 挡，采样时间间隔不大于 1s。

（2）测量条件

① 气象条件：在无雨雪、无雷电天气，风速为 5m/s 以下时进行。

不得不在特殊气象条件下测量时，应采取必要措施保证测量准确性，注明当时所采取的措施及气象情况。

② 测量工况：测量应在被测声源正常工作时间进行，同时注明当时的工况。

（3）测点位置

① 测点布设：根据工业企业声源、周围噪声敏感建筑物的布局以及毗邻的区域类别，在工业企业厂界布设多个测点，其中包括距噪声敏感建筑物较近以及受被测声源影响大的位置。

② 测点位置一般规定：测点选在工业企业厂界外 1m、高度 1.2m 以上、距任一反射面距离不小于 1m 的位置。

③ 其他规定：标准中的 4 种情况。

（4）测量时段

分别在昼间、夜间两个时段测量。夜间有频发、偶发噪声影响时同时测量最大声级。

被测声源是稳态噪声，采用1min的等效声级；被测声源是非稳态噪声，测量被测声源有代表性时段的等效声级，必要时测量被测声源整个正常工作时段的等效声级。

（5）背景噪声测量

测量环境：不受被测声源影响且其他声环境与测量被测声源时保持一致。

测量时段：与被测声源测量的时间长度相同。

（6）测量记录

噪声测量时需做测量记录。记录内容应主要包括：被测量单位名称、地址，厂界所处声环境功能区类别，测量时气象条件、测量仪器、校准仪器、测点位置、测量时间、测量时段、仪器校准值（测前、测后）、主要声源、测量工况、示意图（厂界、声源、噪声敏感建筑物、测点等位置）、噪声测量值、背景值、测量人员、校对人、审核人等相关信息。

（7）测量结果修正

参照《环境噪声监测技术规范　噪声测量值修正》（HJ 706—2014）对测量结果进行修正。

（8）测量结果评价

各个测点的测量结果应单独评价。同一测点每天的测量结果按昼间、夜间进行评价。最大声级 L_{max} 直接评价。

三、《社会生活环境噪声排放标准》（GB 22337—2008）

1. 适用范围

① 规定了营业性文化娱乐场所和商业经营活动中可能产生环境噪声污染的设备、设施边界噪声排放限值和测量方法。

② 适用于对营业性文化娱乐场所、商业经营活动中使用的向环境排放噪声的设备、设施的管理、评价与控制。

2. 环境噪声排放限值

社会生活噪声排放源边界噪声排放限值如表 4-20 所示。

表 4-20　社会生活噪声排放源边界噪声排放限值　　　　　单位：dB(A)

边界外声环境功能区类别	时段	
	昼间	夜间
0	50	40
1	55	45
2	60	50
3	65	55
4	70	55

注：当社会生活噪声排放源边界与噪声敏感建筑物距离小于 1m 时，应在噪声敏感建筑物的室内测量，并将表中相应的限值减 10dB（A）作为评价依据。

3. 测量方法

（1）测量仪器

① 采用积分平均声级计或环境噪声自动监测仪。

② 测量仪器和校准仪器应定期检定合格，并在有效使用期限内使用。

③ 每次测量前、后必须在测量现场进行声学校准，其前、后校准示值偏差不得大于 0.5dB（A）。测量时传声器加防风罩。

④ 测量仪器时间计权特性设为"F"挡，采样时间间隔不大于 1s。

（2）测量条件

① 气象条件：在无雨雪、无雷电天气，风速为 5m/s 以下时进行。

不得不在特殊气象条件下测量时，应采取必要措施保证测量准确性，注明当时所采取的措施及气象情况。

② 测量工况：测量应在被测声源正常工作时间进行，同时注明当时的工况。

（3）测点位置

① 测点布设：根据社会生活噪声排放源、周围噪声敏感建筑物的布局以及毗邻的区域类别，在社会生活噪声排放源边界布设多个测点，其中包括距噪声敏感建筑物较近以及受被测声源影响大的位置。

② 测点位置一般规定：测点选在社会生活噪声排放源边界外 1m、高度 1.2m 以上、距任一反射面距离不小于 1m 的位置。

③ 其他规定。

（4）测量时段

分别在昼间、夜间两个时段测量。夜间有频发、偶发噪声影响时同时测量最大声级。

被测声源是稳态噪声，采用 1min 的等效声级；被测声源是非稳态噪声，测量被测声源有代表性时段的等效声级，必要时测量被测声源整个正常工作时段的等效声级。

（5）背景噪声测量

测量环境：不受被测声源影响且其他声环境与测量被测声源时保持一致。

测量时段：与被测声源测量的时间长度相同。

（6）测量记录

噪声测量时需做测量记录。

（7）测量结果修正

参照《环境噪声监测技术规范　噪声测量值修正》（HJ 706—2014）对测量结果进行修正。

（8）测量结果评价

各个测点的测量结果应单独评价。同一测点每天的测量结果按昼间、夜间进行评价。最大声级 L_{max} 直接评价。

四、《建筑施工场界环境噪声排放标准》（GB 12523—2011）

1. 适用范围

① 规定了建筑施工场界环境噪声排放限值及测量方法。

② 适用于周围有噪声敏感建筑物的建筑施工噪声排放的管理、评价及控制。市政、通信交通、水利等其他类型的施工噪声排放可参照本标准执行。

③ 不适用于抢修、抢险施工过程中产生噪声的排放监管。

2. 环境噪声排放限值

建筑施工场界环境噪声排放限值如表 4-21 所示。

表 4-21　建筑施工场界环境噪声排放限值　　　　　　单位：dB(A)

昼间	夜间
70	55

注：当场界距噪声敏感建筑物较近，其室外不满足测量条件时，可在噪声敏感建筑物室内测量，并将表中相应的限值减 10dB(A) 作为评价依据。

3. 测量方法

（1）测量仪器

① 采用积分平均声级计或环境噪声自动监测仪。

② 测量仪器和校准仪器应定期检定合格，并在有效使用期限内使用。

③ 每次测量前、后必须在测量现场进行声学校准，其前、后校准示值偏差不得大于 0.5dB(A)。

④ 测量时传声器加防风罩。

⑤ 测量仪器时间计权特性设为"F"挡。

（2）测量气象条件

无雨雪、无雷电天气，风速为 5m/s 以下时进行。

（3）测点位置

① 测点布设：根据施工场地周围噪声敏感建筑物位置和声源位置的布局，设在对噪声敏感建筑物影响较大、距离较近的位置。

② 一般规定：设在建筑施工场界外 1m、高度 1.2m 以上的位置。

③ 其他规定：标准中的三种情况。

（4）测量时段

施工期间，测量连续 20min 的等效声级，夜间同时测量最大声级。

（5）背景噪声测量

测量环境：不受被测声源影响且其他声环境与测量被测声源时保持一致。

测量时段：稳态噪声测量 1min 的等效声级，非稳态噪声测量 20min 的等效声级。

（6）测量记录

噪声测量时需做测量记录。

（7）测量结果修正

参照《环境噪声监测技术规范　噪声测量值修正》（HJ 706—2014）对测量结果进行修正。

（8）测量结果评价

各个测点的测量结果应单独评价，最大声级 L_{max} 直接评价。

附录六　微生物实验中常用染色液配制

1. 吕氏碱性美蓝染色液

0.3g 亚甲基蓝溶于 30mL 95％乙醇中，再与 100mL 0.01％ KOH 溶液混合，制成吕氏碱性美蓝染色液。

2. 石炭酸品红染色液

0.3g 碱性品红在研钵中研磨后，逐渐加入 10mL 95％的乙醇，继续研磨使之溶解，制成溶液 A。5g 石炭酸溶于 95mL 蒸馏水制成溶液 B。将溶液 A 和 B 混合即成石炭酸品红染色液。使用时将混合液稀释 5～10 倍，稀释液易变质失效，一次不宜多配。

3. 草酸铵结晶紫染液

2g 结晶紫溶于 20mL 95％乙醇制成溶液，0.8g 草酸铵溶于 80mL 蒸馏水制成溶液，两种溶液混合后，静置 24h 过滤使用。

4. 卢哥氏碘液

2g 碘化钾溶于少量蒸馏水中形成碘化钾溶液，再将 1g 碘溶在碘化钾溶液中，加蒸馏水定容到 300mL 即形成碘-碘化钾溶液（卢哥氏碘液）。

5. 番红染色液

2.5g 番红溶于 100mL 95％乙醇中形成番红乙醇溶液，然后取 20mL 上述溶液与 80mL 蒸馏水混匀成番红稀释液。

6. 孔雀石绿染色液

7.6g 孔雀石绿溶于 100mL 蒸馏水中，配制时尽量溶解，过滤后使用。

7. 乳酸石炭酸棉蓝染色液

10g 石炭酸加入 10mL 蒸馏水加热溶解，溶解后加入 10mL 乳酸和 20mL 甘油，最后加入 0.02g 棉蓝，使之完全溶解。

 附录七　常用的培养基配方

1. 牛肉膏蛋白胨培养基

牛肉膏 5g，蛋白胨 10g，NaCl 5g，水 1000mL。调 pH 值为 7.4～7.6。

2. LB 培养基

胰蛋白胨 10g，酵母膏 5g，NaCl 10g，蒸馏水 1000mL。调 pH 值为 7.0。

3. 查氏培养基

蔗糖 30g，KNO_3 2g，K_2HPO_4 1g，$MgSO_4 \cdot 7H_2O$ 0.5g，$FeSO_4 \cdot 7H_2O$ 0.5g，KCl

0.5g，水 1000mL。调 pH 值为 7.0～7.2。

4. 马铃薯培养基

马铃薯 200g（去皮），蔗糖或葡萄糖 20g，水 1000mL，pH 值自然。马铃薯切小块，煮沸 15min，双层纱布过滤取滤液，滤液中加糖，定容至 1000mL。

5. 高氏 I 号培养基

可溶性淀粉 20g，KNO_3 1g，NaCl 0.5g，K_2HPO_4 0.5g，$MgSO_4 \cdot 7H_2O$ 0.5g，$FeSO_4 \cdot 7H_2O$ 0.01g，水 1000mL。调 pH 值为 7.4～7.6。

6. YEPD 培养基

酵母粉 10g，蛋白胨 20g，葡萄糖 20g，蒸馏水 1000mL。调 pH 值为 6.0。

7. 乳糖蛋白胨培养基

乳糖 5g，牛肉膏 5g，蛋白胨 10g，NaCl 5g，1.6% 溴甲酚紫乙醇溶液 1mL，水 1000mL，放入倒置杜氏小管。调 pH 值为 7.2。

8. 伊红美蓝乳糖培养基

乳糖 10g，蛋白胨 10g，K_2HPO_4 2g，琼脂 20g，2% 伊红水溶液 20mL，0.5% 美蓝溶液 13mL，定容到 1000mL。调 pH 值为 7.2。

9. 亚硝化细菌培养基

$(NH_4)_2SO_4$ 2g，NaH_2PO_4 0.25g，K_2HPO_4 0.75g，$MgSO_4 \cdot 7H_2O$ 0.03g，$CaCO_3$ 5g，$MnSO_4 \cdot 4H_2O$ 0.01g，蒸馏水 1000mL。调 pH 值为 7.2。

10. 硝化细菌培养基

$NaNO_3$ 1g，NaH_2PO_4 0.25g，K_2HPO_4 0.75g，$MgSO_4 \cdot 7H_2O$ 0.03g，Na_2CO_3 1g，$MnSO_4 \cdot 4H_2O$ 0.01g，蒸馏水 1000mL。调 pH 值为 8.0。

11. 浮游球衣菌培养基

（1）蛋白胨 0.05g，葡萄糖 0.1g，琼脂 20g，蒸馏水 1000mL。调 pH 值为 7.0。

（2）蛋白胨 0.5g，酵母膏 0.1g，乳糖 0.2g，K_2HPO_4 0.05g，琼脂 20g，蒸馏水 1000mL。调 pH 值为 7.0。

12. 无氮培养基

甘露醇 10g，KH_2PO_4 0.2g，$MgSO_4 \cdot 7H_2O$ 0.2g，NaCl 0.2g，$CaSO_4 \cdot 2H_2O$ 0.1g，$CaCO_3$ 5g，蒸馏水 1000mL。

13. 油脂培养基

蛋白胨 1g，牛肉膏 0.5g，NaCl 0.5g，香油或花生油 1g，中性红（体积分数为 1.6% 的水溶液）1.5～2.0mL，琼脂 2g，蒸馏水 100mL。调 pH 值为 7.2。

14. CMC 培养基

羧甲基纤维素钠 10g，KH_2PO_4 1g，$MgSO_4 \cdot 7H_2O$ 0.3g，$CaCl_2$（无水）0.1g，

$NaNO_3$ 2.5g，NaCl 0.1g，$FeCl_2 \cdot 7H_2O$ 0.01g，蒸馏水 1000mL。调 pH 值为 7.2。

15. 发光细菌培养基

胰蛋白胨 5g，酵母膏 5g，甘油 3g，KH_2PO_4 1g，Na_2HPO_4 5g，NaCl 3g，蒸馏水 1000mL。调 pH 值为 6.5。

 附录八　大肠菌群检索表（MPN 法）

表 4-22～表 4-24 为大肠菌群检索表。

表 4-22　接入水样总量为 300mL 的大肠菌群检索表　　　　单位：个/L

10mL 水量中的阳性管数	100mL 水量中的阳性管数			10mL 水量中的阳性管数	100mL 水量中的阳性管数		
	0	1	2		0	1	2
0	<3	4	11	6	22	36	92
1	3	8	18	7	27	43	120
2	7	13	27	8	31	51	161
3	11	18	38	9	36	60	230
4	14	24	52	10	40	69	>230
5	18	30	70				

表 4-23　接入水样总量为 11.11mL 的大肠菌群检索表　　　　单位：个/L

10mL	1mL	0.1mL	0.01mL	大肠菌群数	10mL	1mL	0.1mL	0.01mL	大肠菌群数
－	－	－	－	<90	＋	＋	＋	＋	280
－	－	－	＋	90	＋	－	－	＋	920
－	－	＋	－	90	＋	－	＋	－	940
－	＋	－	－	95	＋	－	＋	＋	1800
－	＋	－	＋	180	＋	＋	－	－	2300
－	＋	＋	－	190	＋	＋	－	＋	9600
－	＋	＋	＋	220	＋	＋	＋	－	23800
＋	－	－	－	230	＋	＋	＋	＋	>23800

注："＋"表示有大肠菌群；"－"表示无大肠菌群。

表 4-24　接入水样总量为 55.5mL 的大肠菌群检索表　　　　单位：个/L

出现阳性份数			大肠菌群数	95% 可信限值		出现阳性份数			大肠菌群数	95% 可信限值	
10mL	1mL	0.1mL		下限	上限	10mL	1mL	0.1mL		下限	上限
0	0	0	<2			0	2	0	4	<0.5	11
0	0	1	2	<0.5	7	1	0	0	2	<0.5	7
0	1	0	2	<0.5	7	1	0	1	4	<0.5	11

出现阳性份数			大肠菌群数	95%可信限值		出现阳性份数			大肠菌群数	95%可信限值	
10mL	1mL	0.1mL		下限	上限	10mL	1mL	0.1mL		下限	上限
1	1	0	4	<0.5	11	4	4	0	34	12	93
1	1	1	6	<0.5	15	5	0	0	23	7	70
1	2	0	5	<0.5	15	5	0	1	34	11	89
2	0	0	7	<0.5	13	5	0	2	43	15	110
2	0	1	7	1	17	5	1	0	33	11	93
2	1	0	7	1	17	5	1	1	46	16	120
2	1	1	9	2	21	5	1	2	63	21	150
2	2	0	9	2	21	5	2	0	49	17	130
2	3	0	12	3	28	5	2	1	70	23	170
3	0	0	8	1	19	5	2	2	94	28	220
3	0	1	11	2	25	5	3	0	79	25	190
3	1	0	11	2	25	5	3	1	110	31	250
3	1	1	14	4	34	5	3	2	140	37	310
3	2	0	14	4	34	5	3	3	180	44	500
3	2	1	17	5	46	5	4	0	130	35	300
3	3	0	17	5	46	5	4	1	170	43	190
4	0	0	13	3	31	5	4	2	220	57	700
4	0	1	17	5	46	5	4	3	280	90	850
4	1	0	17	5	46	5	4	4	350	120	1000
4	1	1	21	7	63	5	5	0	240	68	750
4	1	2	26	9	78	5	5	1	350	120	1000
4	2	0	22	7	67	5	5	2	540	180	1400
4	2	1	26	9	78	5	5	3	920	300	3200
4	3	0	27	9	80	5	5	4	1600	640	5800
4	3	1	33	11	93	5	5	5	>2400		

 ## 附录九　实验室常用安全知识

一、重要规定

1. 着装规定

（1）进入实验室，必须穿实验服，需穿长裤，禁止穿背心、短裤等暴露皮肤过多的衣服，禁止穿拖鞋。

实验室常用
安全知识

（2）长发或松散衣服需妥善固定。

（3）进行危险化学品操作或研究，必须穿戴护具，如防护手套、口罩、护目镜等。

2. 饮食规定

（1）严禁在实验室吃食物喝饮品。

（2）严禁在实验进行过程中嚼口香糖。

（3）严禁将食物存放在实验室的冰箱或药品试剂柜。

3. 实验操作的相关规定

（1）实验前，应认真预习，对实验内容、目的、意义、原理、步骤、仪器等有比较清楚的了解，做到目的明确、思路清晰。进入实验后，应熟悉洗眼台、安全淋洗及火灾报警器装置的位置，并熟悉最近的安全通道的位置，以便发生意外伤害事故时，能快速喷淋、冲洗，减轻伤害，若有火灾发生时，能迅速安全地撤离，减少损失，保护人身安全。

（2）实验过程中，遵守操作规范，操作严谨、认真，要胆大心细、仔细观察、如实记录；严禁相互追逐打闹，切勿高声喧哗，请勿随意离开；相关仪器操作需提前观看操作视频等，掌握使用方法后，方可进行相关操作。所用药品不得随意丢弃，废物、废水等放入指定的容器。

（3）实验结束后，将实验数据整理并交给指导老师审阅；及时整理实验台面，清洗实验器皿，并放回原处；检查水管、电器等是否关闭，必要时登记仪器使用记录。

（4）值日生要及时清扫公共卫生，清理垃圾，保持实验室整洁、卫生，最后将水电门窗等处置妥当，经老师检查同意后方可离开。

4. 用电安全的相关规定

（1）实验室内电气设备的安装和使用管理，必须符合安全用电管理规定。

（2）实验室内严禁抽烟，未经批准，不得使用明火。

（3）手上有水或潮湿请勿接触电气设备。

5. 药品安全

（1）实验室内不大量存放易燃、易爆的有机溶剂，也不大量存放反应活性极强的物质。

（2）易制毒、易制爆化学品按照化学性质进行分类存放，做好相应的通风等安全措施。管理上做到双人双锁并建立相关使用台账。

6. 气体安全

气体钢瓶存放时需有固定装置，使用氢气、一氧化碳等危险气体时应有报警器，搬运各种高压气体钢瓶时要使用专用钢瓶推车。

二、安全防护及应急事故的处理

1. 安全防护

（1）熟悉安全通道的位置，知晓着火时不能乘坐电梯；清楚灭火器具（灭火器、灭火毯、沙箱等）的摆放位置，并明确使用方法；知晓急救药箱的放置地点。

（2）穿戴长袖实验服，不穿拖鞋、短裤等，以免造成皮肤伤害，必要时佩戴防护眼镜、安全面罩、防护手套等。

（3）使用浓酸、浓碱时，必须小心操作，防止溅到皮肤或衣服上。若不慎溅在实验台上，必须及时擦洗干净。

2. 应急事故的预处理

（1）误吞服，由医务室配合催吐，然后送医治疗。

（2）一般的液体化学品溅入眼内，现场立即用大量水彻底冲洗，时间应不少于15min，切不可因疼痛而紧闭眼睛。处理后，紧急送医院治疗。

（3）玻璃割伤，先取出伤口内的异物，然后用碘伏在伤口周围消毒，并用绷带包扎，伤口过大时，用纱布包扎止血，然后送医院治疗。

（4）对于轻度烫伤或烧伤，不弄破水泡，用清水充分冲洗、降温，再用干净的纱布覆盖，严重者必须就医处理。

（5）对于化学药品灼伤，可采用如下方法。如稀酸灼伤，先用水冲洗，如有条件可用5%碳酸氢钠溶液洗涤，再用清水洗净，然后用消毒纱布包扎伤口。如碱灼伤，先用水冲洗，如有条件可用1%硼酸溶液或2%醋酸溶液冲洗，再用清水洗净，并包扎好，严重者必须就医处理。

（6）水银温度计不慎打碎，应先用纸片或胶带将洒落在地上或桌子上的汞尽可能收集起来，放入指定的容器中，再用硫黄粉撒盖在洒落的地方。

（7）万一着火，切不可惊慌失措，应沉着冷静，若火情较小，首先判断着火原因，然后采取适当措施灭火。

① 用水灭火是最常用的方法，但是有机溶剂在桌面或地面上蔓延燃烧时，不可用水灭火，可用砂土或灭火毯灭火。钠、钾等金属着火，通常用砂土灭火，严禁用水和 CO_2 灭火器。

② 沙子和灭火毯经常用来扑灭局部小火，干沙对扑灭金属起火特别安全有效，灭火时，将沙子撒在着火处即可。平时应保持沙箱干燥，切勿将杂物丢入其中。灭火毯不得随意挪作他用，使用后必须归还原处。

③ 使用灭火器灭火，要根据着火原因，酌情选择。灭火器的类型及使用范围见表4-25。

表 4-25　常用灭火器类型及使用范围

灭火器	灭火剂	适用范围
二氧化碳灭火器	液体二氧化碳（气态的清洁灭火剂）	用于扑灭油类、易燃液体、气体和电气设备的初起火灾，特别适用于油脂和电器起火，但不能用于扑灭金属着火
干粉灭火器	内装磷酸铵盐干粉灭火剂，内装碳酸氢钠干粉灭火剂	用于扑灭油类、可燃气体、电气设备的初起火灾，灭火速度快
泡沫灭火器	发泡剂为蛋白、碳表面活性剂等	灭火时泡沫把燃烧物质包住，与空气隔绝而灭火，最适宜油脂类火灾。因泡沫能导电，不能用于扑灭电器着火。且灭火后的污染严重，使火场清理工作麻烦，故一般非大火时不用它

3. 报警电话

（1）实验室发生安全事故时，现场人员务必冷静观察，采取科学合理的救护措施。在确保自身安全的前提下，积极开展自救或互救。

（2）若情况紧急，立即拨打 119 火警电话、110 报警电话；若有人员伤亡，拨打 120 急救电话。

（3）报警同时，请立即如实向实验室管理人员或监管部门报告相关情况，以便采取有效措施，减少损失。

参考文献

[1] 奚旦立. 环境监测实验[M]. 2版. 北京:高等教育出版社,2019.

[2] 严金龙,潘梅. 环境监测实验与实训[M]. 北京:化学工业出版社,2014.

[3] HJ 491—2019. 土壤和沉积物 铜、锌、铅、镍、铬的测定 火焰原子吸收分光光度法[S].

[4] HJ 921—2017. 土壤和沉积物 有机氯农药的测定 气相色谱法[S].

[5] HJ 1067—2019. 水质 苯系物的测定 顶空/气相色谱法[S].

[6] 国家环境保护总局《水和废水监测分析方法》编委会. 水和废水监测分析方法[M]. 4版. 增补版. 北京:中国环境科学
    出版社,2002.

[7] 国家环境保护总局《空气和废气监测分析方法》编委会. 空气和废气监测分析方法[M]. 4版. 增补版. 北京:中国环境
    科学出版社,2003.

[8] 周群英,王士芬. 环境工程微生物学[M]. 4版. 北京:高等教育出版社,2015.

[9] 沈萍. 微生物学实验[M]. 5版. 北京:高等教育出版社,2018.

[10] 边才苗,汪美贞,付永前,等. 环境工程微生物学实验[M]. 杭州:浙江大学出版社,2019.

[11] 张小凡,袁海平. 环境微生物学实验[M]. 北京:化学工业出版社,2021.

[12] 左宋林. 磷酸活化法制备活性炭综述(Ⅰ)——磷酸的作用机理[J]. 林产化学与工业,2017,37(03):1-9.

[13] 董德明,朱利中. 环境化学实验[M]. 2版. 北京:高等教育出版社,2008.

[14] GB 3838—2002. 地表水环境质量标准[S].

[15] 中华人民共和国生态环境部. 地表水环境质量评价办法(试行)[Z]. 环办〔2011〕22号.

[16] HJ 493—2009. 水质 样品的保存和管理技术规定[S].

[17] HJ 494—2009. 水质 采样技术指导[S].

[18] HJ 495—2009. 水质 采样方案设计技术规定[S].

[19] HJ/T 91—2002. 地表水和污水监测技术规范[S].

[20] 环境保护部环境监测司,中国环境监测总站. 国家地表水环境质量监测网监测任务作业指导书(试行)[M]. 北京:中
     国环境出版社,2017.

[21] GB 3095—2012. 环境空气质量标准[S].

[22] GB 15618—2018. 土壤环境质量 农用地土壤污染风险管控标准(试行)[S].

[23] GB 36600—2018. 土壤环境质量 建设用地土壤污染风险管控标准(试行)[S].

[24] GB 3096—2008. 声环境质量标准[S].